AF283795

Comercialización de productos de madera. COMT016PO

Rafael García Ambrosio

ic editorial

Comercialización de productos de madera. COMT016PO
© Rafael García Ambrosio

1ª Edición

© IC Editorial, 2025

Editado por: IC Editorial
c/ Cueva de Viera, 2, Local 3
Centro Negocios CADI
29200 Antequera (Málaga)
Teléfono: 952 70 60 04
Fax: 952 84 55 03
Correo electrónico: iceditorial@iceditorial.com
Internet: www.iceditorial.com

ISBN: 978-84-1184-604-2
Depósito Legal: MA 214-2025

Impresión: PODiPrint
Impreso en Andalucía – España

Nota de la editorial: IC Editorial pertenece a Innovación y Cualificación S. L.

Especialidad formativa

Se entiende por especialidad formativa la agrupación de contenidos, competencias profesionales y especificaciones técnicas que responde a un conjunto de actividades de trabajo enmarcadas en una fase del proceso de producción y con funciones afines.

Las especialidades formativas de Uso General, Formación Complementaria, Formación Modular y las especialidades formativas dirigidas a la obtención de certificados de profesionalidad se incluyen en el Fichero de Especialidades del Servicio Público de Empleo Estatal para su gestión en todo el territorio nacional por cualquier Administración competente.

Las especialidades complementarias, pertenecen todas a la Familia profesional de Formación Complementaria (FCO) y tienen la consideración de formación transversal en áreas que se consideran prioritarias tanto en el marco de la Estrategia Europea para el Empleo y del Sistema Nacional de Empleo como en las directrices establecidas por la Unión Europea. Se consideran áreas prioritarias las relativas a tecnologías de la información y la comunicación, la prevención de riesgos laborales, la sensibilización en medio ambiente, la promoción de la igualdad, la orientación profesional y aquellas otras que se establezcan por la Administración competente.

Las especialidades de Certificado de profesionalidad tienen una duración especificada en su normativa reguladora.

En el resultado de la búsqueda, se muestran las unidades de competencia, todos los módulos formativos con su duración y las unidades formativas del certificado correspondiente, con su duración. Las horas del certificado, exclusivo de las especialidades de certificado de profesionalidad, con alta igual o superior a 2008, son las horas totales más las horas del módulo de Prácticas Profesionales no Laborales.

➲ **Si la especialidad tiene unidades formativas,** las horas totales, presencial, distancia, teleformación serán igual a la suma de esas horas de las unidades formativas de los distintos módulos, sin que se repita ninguna Unidad formativa.

➲ **Si la especialidad no tiene unidades formativas,** las horas totales, presencial, distancia, teleformación serán igual a las sumas de esas horas de los módulos formativos, eliminando las horas de los módulos repetidos.

https://sede.sepe.gob.es/especialidadesformativas/RXBuscadorEFRED/BusquedaEspecialidades.do

(Fuente: Servicio Público de Empleo Estatal)

Índice

OBJETIVOS GENERALES

Los objetivos generales del **COMT016PO. Comercialización de productos de madera,** son los siguientes:

- Adquirir los conocimientos sobre las características técnicas y las normativas (GFS) relacionadas con los productos de la madera en la rehabilitación y construcción con madera, así como sobre las claves fundamentales del diseño de un plan de acción comercial para su venta y prestación de un servicio de calidad de atención al cliente.
- Analizar cómo organizar el entorno comercial para mejorar el rendimiento en el proceso de ventas.
- Diferenciar las estrategias y técnicas que se aplican en el proceso de ventas.
- Comprender la importancia de la atención y orientación al cliente en el contexto empresarial, destacando las diversas perspectivas que influyen en la calidad de esta atención.
- Analizar información sobre la madera y los productos derivados de ella.
- Distinguir las diferentes teorías y enfoques relacionados con las estructuras de madera históricas.
- Distinguir las propiedades físicas y mecánicas de la madera.
- Conocer los productos de la madera en la construcción y rehabilitación.
- Identificar los principales tipos de daños, ataques y patologías que afectan a la madera.
- Analizar la importancia de la calidad de la madera estructural en la construcción de edificios y estructuras.
- Conocer las diferentes especies de maderas.
- Analizar la importancia de la gestión forestal sostenible y la cadena de custodia en el sector de la madera.
- Adquirir una comprensión completa del marcado CE.

Planificación de la acción comercial

Contenido

Objetivos

El objetivo general de esta Unidad de Aprendizaje es:

→ Analizar cómo organizar el entorno comercial para mejorar el rendimiento en el proceso de ventas.

Los objetivos específicos de esta Unidad de Aprendizaje son:

→ Gestionar la venta profesional.

→ Documentar adecuadamente las transacciones.

→ Aplicar cálculos y análisis de mejora del rendimiento.

→ Conocer toda la documentación necesaria para formalizar una venta.

1. Introducción

En el ámbito comercial, la planificación y gestión efectiva son fundamentales para alcanzar el éxito y mantener una posición competitiva en el mercado. En esta unidad exploraremos diversos aspectos relacionados con la organización y gestión del entorno comercial, así como la documentación y aplicaciones esenciales para lograr ventas exitosas. Desde el análisis de la situación hasta el análisis de datos de ventas, cada etapa desencadena una serie de acciones cruciales para establecer estrategias sólidas y maximizar la eficacia de las ventas.

Para comprender mejor cada etapa seguiremos el caso de una pequeña empresa familiar de carpintería La Atarazana, especializada en trabajos artesanales de gran calidad, desde su apertura y durante todo el proceso de desarrollo y consolidación comercial.

2. Organización del entorno comercial

 HILO CONDUCTOR

Antes de abrir sus puertas al público, Juan, de la carpintería La Atarazana, sabía que debía planificar cuidadosamente cada paso para asegurarse de que su carpintería fuera un éxito, así que comenzó realizando el análisis de la situación. Investigó el entorno empresarial, el mercado de la carpintería local y la competencia. El siguiente paso fue la segmentación y definición del mercado objetivo. Juan identificó a diferentes grupos de clientes con necesidades y preferencias similares. Con una visión clara de su mercado objetivo, Juan desarrolló una estrategia comercial para La Atarazana.

La **organización del entorno comercial** es un proceso crucial para cualquier empresa que busca alcanzar el éxito en el mercado. Implica comprender y analizar el entorno empresarial en el que opera la empresa, así como la competencia y las oportunidades que existen en el mercado. Aquí se describen los **pasos principales** para organizar el entorno comercial:

- ⊃ **Análisis de la situación.** Comienza por comprender el entorno empresarial, el mercado y la competencia. Analiza las tendencias del mercado, identifica las oportunidades y los desafíos, y evalúa tus fortalezas y debilidades como empresa.

- **Establecimiento de objetivos.** Define los objetivos claros y específicos que deseas alcanzar con tu acción comercial. Estos deben ser medibles y realistas, y estar alineados con la visión y estrategia general de la empresa.
- **Segmentación y definición similar del mercado objetivo.** Identifica y segmenta tu mercado objetivo en grupos específicos de clientes con similares características. Comprende sus necesidades, deseos y comportamientos de compra para adaptar su acción comercial de manera efectiva.
- **Estrategia comercial.** Desarrolla una estrategia comercial que establezca cómo alcanzarás tus objetivos y satisfarás las necesidades de tus clientes. Define tu propuesta de valor, posicionamiento en el mercado, estrategias de precios, canales de distribución y promoción.
- **Plan de *marketing*.** Crea un plan de *marketing* detallado que describa las tácticas y actividades específicas que implementarás para ejecutar tu estrategia comercial. Incluye aspectos como publicidad, promoción, relaciones públicas, *marketing* digital, eventos, entre otros.
- **Presupuesto.** Establece un presupuesto para tu acción comercial, asignando recursos adecuados a cada una de las tácticas y actividades de *marketing*. Asegúrate de tener en cuenta los costos asociados con la implementación de tu plan y el retorno esperado de la inversión.
- **Implementación y control.** Ejecuta tu plan de acción comercial de acuerdo con el cronograma establecido. Monitorea y controla regularmente los resultados y el progreso hacia tus objetivos. Realiza ajustes y mejoras según sea necesario para maximizar la eficacia de tu acción comercial.
- **Evaluación y revisión.** Evalúa los resultados de tu acción comercial en comparación con los objetivos establecidos. Analiza las lecciones aprendidas, identifica áreas de mejora y ajusta tu estrategia y tácticas en consecuencia. La planificación de la acción comercial debe ser un proceso continuo y adaptable.

Un plan de marketing bien desarrollado proporciona una serie de ventajas que contribuyen al crecimiento y éxito de una empresa.

 **RECUERDA**

Cada empresa es única y puede requerir enfoques personalizados en su planificación de acción comercial. Adaptar estos pasos a las necesidades y características específicas de tu empresa te ayudará a desarrollar una estrategia comercial efectiva.

3. Gestión de la venta profesional

 HILO CONDUCTOR

En el día de la inauguración de la carpintería, Juan y su equipo organizan un evento especial para atraer a clientes potenciales y dar a conocer su nueva empresa. Durante el evento, Juan aplicó las técnicas de presentación efectiva que había desarrollado, enfocándose en resaltar la calidad artesanal de los productos de La Atarazana y cómo estos podrían satisfacer las necesidades y gustos de los clientes.

Gracias a la segmentación de mercado que había realizado previamente, Juan pudo identificar a grupos específicos de clientes con diferentes intereses y necesidades. Durante el proceso de venta, algunos clientes plantearon objeciones sobre los precios o los detalles específicos de los productos. Después de cerrar las ventas, el servicio postventa de La Atarazana se convirtió en un aspecto destacado. Juan entendía que mantener la satisfacción del cliente era fundamental para fomentar relaciones comerciales a largo plazo.

La **gestión de la venta profesional** es el proceso de administrar estrategias y ejecutar técnicas efectivas para lograr ventas exitosas. Implica el manejo de todas las etapas del ciclo de venta, desde la prospección y cualificación de clientes potenciales, hasta el cierre de la venta y el servicio posventa.

Algunos de los **elementos** clave para una gestión de venta profesional son:

● **Investigación y prospección.** Antes de iniciar cualquier venta, es importante investigar y encontrar clientes potenciales que puedan estar interesados en tu producto o servicio. Esto implica la identificación de tu mercado objetivo y la búsqueda activa de oportunidades de venta.

➲ **Cualificación de clientes.** Una vez identificados los prospectos, es fundamental evaluar su nivel de interés, necesidades y capacidad de compra. Esto ayuda a enfocar tus esfuerzos en aquellos clientes que tienen mayor probabilidad de convertirse en compradores.

➲ **Presentación efectiva.** Al interactuar con los clientes potenciales, debe ser capaz de presentar su producto o servicio de manera persuasiva y convincente. Destaca los beneficios y características que los clientes valoran y muestra cómo tu oferta puede resolver sus problemas o satisfacer sus necesidades.

➲ **Manejo de objeciones.** Durante el proceso de venta es probable que los clientes planteen objeciones o dudas. Es importante estar preparado para responderlas de manera profesional y convincente. Escucha atentamente las objeciones y dudas del cliente y proporciona respuestas claras y fundamentadas para superarlas.

➲ **Negociación y cierre.** Una vez que hayas presentado tu oferta y superado las objeciones, llega el momento de negociar los términos de la venta y cerrar el acuerdo. Esto implica la discusión de precios, condiciones de pago y otros aspectos relevantes. Utiliza técnicas de negociación efectivas para llegar a un acuerdo.

➲ **Seguimiento y servicio posventa.** La venta profesional no termina con el cierre. Es importante dar seguimiento a tus clientes después de la venta para garantizar su satisfacción y fomentar relaciones comerciales a largo plazo. Proporciona un excelente servicio posventa, ofrece asistencia y resuelve cualquier problema o inquietud que pueda tener.

➲ **Mejora continua.** La gestión de la venta profesional requiere una mentalidad de mejora continua. Evalúa tus resultados, analiza tus técnicas de venta y busca oportunidades para mejorar tus habilidades. Mantente actualizado sobre las tendencias del mercado y las mejores prácticas de ventas para mantener un enfoque profesional y competitivo.

Con técnicas de negociación efectivas se pueden acordar términos satisfactorios para ambas partes.

IMPORTANTE

La gestión de la venta profesional implica un enfoque estratégico y habilidades efectivas para identificar clientes potenciales, presentar su oferta, superar objeciones, cerrar ventas y brindar un servicio postventa excepcional.

APLICACIÓN PRÁCTICA

Juan, de carpintería La Atarazana, consiguió identificar a grupos específicos de clientes con diferentes intereses y necesidades durante el proceso de venta.

¿Qué fue lo que permitió a Juan lograr este objetivo?

Solución

La segmentación y definición similar del mercado objetivo es fundamental para identificar a grupos específicos de clientes con intereses y necesidades similares, debido a que permite una comprensión más profunda y detallada del mercado al que se quiere llegar. Al dividir el mercado en segmentos más pequeños y homogéneos, se pueden identificar las características, preferencias y comportamientos comunes de los clientes que forman parte de cada segmento.

---

4. Documentación propia de la venta de productos y servicios

HILO CONDUCTOR

Juan se dio cuenta de la importancia de implementar un sistema organizado y eficiente para registrar todas las transacciones de La Atarazana. Comprendió

Continúa en página siguiente >>

<< Viene de página anterior

que esta documentación sería esencial para el seguimiento de las ventas y el manejo contable.

Para agilizar el proceso de generación de presupuestos y facturas, Juan invirtió en un *software* de gestión de ventas que les permitía crear y enviar estos documentos de manera más rápida y precisa.

La **documentación** propia de la venta de productos y servicios se refiere a los diferentes registros, facturas, contratos y otros documentos relacionados que se generan durante el proceso de venta. Estos documentos son importantes tanto para el vendedor como para el comprador, ya que proporcionan evidencia de la transacción y los términos acordados.

Algunos de estos **documentos** son los siguientes:

- **Presupuesto:** es un documento que detalla los productos o servicios ofrecidos, su descripción, cantidad, precios unitarios y totales, así como los términos y condiciones de la oferta. El presupuesto suele ser el primer paso en el proceso de venta, donde se fundamentan las bases para las transacciones.
- **Orden de compra:** este documento es emitido por el comprador y detalla los productos o servicios que desea adquirir, incluyendo la cantidad, descripción, precios acordados y cualquier otra condición especial. La orden de compra suele ser utilizada en transacciones comerciales entre empresas.
- **Factura:** es un documento legal que se emite una vez que se ha realizado la venta. La factura incluye información detallada sobre los productos o servicios vendidos, los precios, los impuestos aplicables, los términos de pago y la información del vendedor y el comprador. Es un documento fundamental para llevar a cabo el registro contable de las transacciones y para cumplir con las obligaciones fiscales.
- **Contrato de venta:** en algunos casos, especialmente en transacciones más complejas, puede ser necesario formalizar la venta a través de un contrato. Este documento establece los términos y condiciones específicos de la transacción, como plazos de entrega, garantías, responsabilidades de ambas partes, entre otros aspectos relevantes. El contrato de venta ofrece mayor seguridad y claridad en las obligaciones de las partes involucradas.
- **Comprobante de entrega:** en el caso de la entrega física de productos, es importante contar con un comprobante de entrega o de recepción.

Este documento puede ser una nota de entrega, una guía de remisión o cualquier otro documento que indique que los productos han sido entregados al comprador y que este ha dado su conformidad.

➲ **Garantías o políticas de devolución:** en algunos casos, es necesario proporcionar al comprador información adicional sobre las garantías ofrecidas por el producto o servicio, así como las políticas de devolución o reembolso. Estas condiciones suelen ser incluidas en un documento aparte o en los términos y condiciones generales de venta.

 IMPORTANTE

Es importante mantener una documentación adecuada de todas las transacciones de venta, ya que esto facilita la gestión contable, el seguimiento de las ventas realizadas, el manejo de reclamaciones o devoluciones, y puede ser requerido en caso de auditorías o disputas legales. Cada empresa puede tener sus propios formatos y procedimientos para la documentación de ventas, pero los documentos mencionados anteriormente son comunes en la mayoría de los casos.

 TAREA 1

Imagina que tienes una pequeña tienda de electrónica, pero te surge la oportunidad de vender a un importante cliente mayorista y estás gestionando la venta de un lote de productos.

Prepara toda la documentación necesaria para formalizar esta transacción.

5. Cálculo y aplicaciones propias de la venta

☞ HILO CONDUCTOR

La Carpintería La Atarazana funcionaba bien y crecía. Juan aprovechó la información sobre el cálculo y las aplicaciones propias de la venta para optimizar aún más su negocio.

Con el pronóstico de ventas, Juan podía planificar adecuadamente la producción y el inventario. Asimismo, el análisis de rentabilidad le permitió identificar aquellos productos que eran más rentables para su negocio. Con el cálculo del margen de ganancia, Juan pudo tener una visión más clara de la salud financiera de su empresa.

Gracias a la integración de estas herramientas y aplicaciones en la gestión de ventas, La Atarazana se volvió más eficiente, ágil y rentable. La empresa se destacaba en el mercado local, no solo por la calidad de sus productos y el servicio excepcional, sino también por su capacidad para adaptarse a las necesidades cambiantes de los clientes y el entorno empresarial.

El cálculo y las aplicaciones en el contexto de ventas son fundamentales para realizar estimaciones, análisis y tomar decisiones informadas en el proceso de venta.

A continuación, podrás ver las distintas **aplicaciones de ventas:**

- **Cálculo de comisiones de ventas.** Si tu empresa utiliza un sistema de comisiones basado en las ventas, necesitarás calcular las comisiones de tus vendedores. Esto implica aplicar una fórmula o un porcentaje específico a las ventas realizadas por cada vendedor para determinar la cantidad de comisión que se les debe pagar.
- **Pronóstico de ventas.** El pronóstico de ventas implica predecir las ventas futuras en función de datos históricos y otras variables relevantes. Las aplicaciones de pronóstico de ventas utilizan técnicas matemáticas y estadísticas para ayudar a las empresas a determinar sus objetivos de ventas, tomar decisiones estratégicas y planificar su inventario y recursos en consecuencia.
- **Análisis de rentabilidad.** Calcular la rentabilidad de las ventas es esencial para evaluar la viabilidad financiera de un negocio. Esto implica analizar los costos asociados con la venta de un producto o servicio, inclui-

dos los de producción, *marketing,* distribución y otros gastos indirectos. Las aplicaciones de análisis de rentabilidad pueden ayudar a identificar qué productos o servicios son más rentables y a tomar decisiones informadas sobre los precios, las estrategias de ventas y la gestión de costes.

● **Cálculo del margen de ganancia.** El margen de ganancia es la diferencia entre el precio de venta de un producto y el costo asociado con su producción o adquisición. Calcularlo es esencial para determinar la salud financiera de una empresa y establecer precios adecuados. Las aplicaciones de cálculo del margen de ganancia pueden ayudar a los vendedores a establecer precios competitivos, maximizar sus ganancias y tomar decisiones estratégicas sobre la gestión de costos.

● **Análisis de datos de ventas.** El análisis de datos de ventas implica el uso de herramientas y técnicas para examinar y comprender los patrones, tendencias y relaciones en los datos de ventas. Esto puede ayudar a identificar el crecimiento de oportunidades, comprender el comportamiento del cliente, optimizar las estrategias de ventas y mejorar la eficiencia operativa. Las aplicaciones de análisis de datos de ventas utilizan métodos estadísticos y algoritmos para visualizar y extraer información valiosa de los datos de ventas.

 ## ACTIVIDAD COMPLEMENTARIA

1. Investiga en fuentes externas para elaborar un plan de *marketing* integral para una empresa ficticia.

6. Resumen

Para obtener una gestión comercial efectiva, es importante, en primer lugar, una gestión y organización del entorno comercial, lo cual incluye el análisis de la situación, el establecimiento de objetivos, la segmentación del mercado objetivo, la creación de una estrategia comercial, la elaboración de un plan de *marketing* y la asignación de un presupuesto adecuado.

Otro aspecto relevante es la documentación propia de la venta de productos y servicios. Se mencionan los distintos documentos utilizados en el proceso de venta, como el presupuesto, la orden de compra, la factura, el contrato de venta, el comprobante de entrega y las garantías o políticas de devolución.

Finalmente, se debe explorar el cálculo y las aplicaciones propias de la venta, destacando la importancia de calcular comisiones de ventas, realizar pronósticos de ventas, analizar la rentabilidad, calcular el margen de ganancia y realizar análisis de datos de ventas.

Estrategia comercial
- Documentación
- Cálculo y aplicaciones
- Entorno comercial
- Gestión de venta

Ejercicios de autoevaluación
Unidad de Aprendizaje 1

1. ¿Qué implica el análisis de la situación en la organización del entorno comercial?

    a. Evaluar los resultados de ventas obtenidos.
    b. Comprender el entorno empresarial, el mercado y la competencia.
    c. Establecer los objetivos de venta para el próximo año.
    d. Crear un plan de *marketing* detallado.

2. ¿Cuál es uno de los objetivos principales en el establecimiento de objetivos comerciales?

    a. Alcanzar ventas altas en un mes determinado.
    b. Definir metas poco realistas para motivar al equipo de ventas.
    c. Tener una visión y estrategia general de la empresa.
    d. Aumentar la cantidad de clientes potenciales.

3. ¿Qué implica la segmentación del mercado objetivo en la organización del entorno comercial?

    a. Analizar los datos de ventas para identificar tendencias.
    b. Comprender las necesidades, deseos y comportamientos de los clientes.
    c. Establecer el presupuesto para la acción comercial.
    d. Desarrollar una estrategia de *marketing* digital.

4. Indica si la siguiente oración es verdadera o falsa: "El presupuesto en la organización del entorno comercial es la asignación de recursos económicos a cada táctica de *marketing*".

    ■ Verdadero
    ■ Falso

5. ¿Cuál es una etapa clave en la gestión de la venta profesional?

    a. Análisis de rentabilidad
    b. Evaluación y revisión

c. Pronóstico de ventas

d. Investigación y prospección

6. **¿Qué es importante hacer antes de presentar un producto o servicio de manera persuasiva?**

    a. Evaluar el margen de ganancia.

    b. Cerrar la venta.

    c. Investigar y cualificar a los clientes potenciales.

    d. Ofrecer garantías y políticas de devolución.

7. **¿Cuál es una de las etapas finales en la gestión de la venta profesional?**

    a. Segmentación del mercado objetivo.

    b. Establecimiento de objetivos comerciales.

    c. Cálculo de comisiones de ventas.

    d. Seguimiento y servicio posventa.

8. **Indica si la siguiente oración es verdadera o falsa: "La factura se emite una vez que se ha realizado la venta y detalla los productos o servicios vendidos, precios y términos de pago".**

    ■ Verdadero

    ■ Falso

9. **¿Para qué se utilizan las aplicaciones de análisis de datos de ventas?**

    a. Calcular la rentabilidad de las ventas.

    b. Identificar el margen de ganancia de los productos.

    c. Monitorear y mejorar el rendimiento en las ventas.

    d. Generar pronósticos de ventas futuras.

10. **¿Por qué es importante adaptar la planificación de la acción comercial a las necesidades específicas de cada empresa?**

    a. Para disminuir el presupuesto asignado.

    b. Para aumentar las ventas de manera rápida.

    c. Para desarrollar una estrategia comercial efectiva.

    d. Para reducir el enfoque en el servicio posventa.

Técnicas de venta

Contenido

Objetivos

El objetivo general de esta Unidad de Aprendizaje es:

→ Diferenciar las estrategias y técnicas que se aplican en el proceso de venta.

Los objetivos específicos de esta Unidad de Aprendizaje son:

→ Comprender el proceso de venta.

→ Aplicar técnicas de venta.

→ Conocer las técnicas de seguimiento y fidelización de clientes.

→ Realizar el seguimiento y fidelización de clientes.

→ Resolver conflictos y reclamaciones en el proceso de venta.

1. Introducción

En el mundo de las ventas existen diversos procesos y técnicas que los profesionales utilizan para lograr ventas exitosas y mantener relaciones sólidas con los clientes. En esta unidad exploraremos los elementos esenciales de los procesos de venta, desde la investigación previa hasta el seguimiento posterior a la venta. También se abordarán las aplicaciones de técnicas de venta que pueden mejorar el rendimiento y la eficacia de un equipo de ventas. Además, se analizará la importancia del seguimiento y la fidelización de clientes, así como la resolución de conflictos y reclamaciones que puedan surgir durante el proceso de venta.

Para comprender mejor las diferentes técnicas de venta, seguiremos con el caso de Juan, el dueño de la carpintería La Atarazana.

2. Procesos de venta

☞ HILO CONDUCTOR

Con la estrategia comercial sólidamente establecida, Juan, el dueño de la carpintería La Atarazana, sabía que también debía enfocarse en mejorar las técnicas de venta para asegurar el éxito de su negocio. En primer lugar, Juan entendió la importancia de la investigación previa antes de abordar a un cliente potencial. Durante las interacciones con los clientes, Juan practicaba la escucha activa, una habilidad que sabía que era fundamental para comprender las necesidades y preocupaciones de sus clientes. Llegado el momento del cierre de ventas, Juan utilizaba técnicas efectivas, como ofertas limitadas en el tiempo o comparaciones de opciones, para ayudar a los clientes a tomar una decisión informada y confiada.

Los **procesos de ventas** son pasos organizados y planificados que las empresas siguen para convertir a las personas en clientes, cerrando acuerdos y generando ingresos. Aunque los detalles pueden variar según la industria y la empresa, en general, los procesos de ventas suelen incluir las siguientes **etapas:**

➲ **Investigación previa.** Antes de abordar un cliente potencial, es importante realizar una investigación sobre sus necesidades, preferencias y características demográficas. Esto te ayudará a adaptar tu enfoque de venta y presentar los beneficios de tu producto o servicio de manera más efectiva.

⊃ **Escucha activa.** La escucha activa implica prestar atención cuidadosa a las necesidades y preocupaciones del cliente. Haz preguntas abiertas y permite que el cliente se exprese. Esto te ayudará a comprender mejor sus requerimientos y ofrecer soluciones específicas.

⊃ **Ventas consultivas.** En lugar de vender simplemente un producto o servicio, adopte un enfoque consultivo. Haz preguntas para descubrir los desafíos y problemas del cliente y, luego, presenta tu producto como la solución ideal. Destaca los beneficios y cómo tu producto o servicio puede resolver sus problemas.

⊃ **Presentación persuasiva.** Durante la presentación de ventas, enfatiza los beneficios clave de tu producto o servicio, en lugar de centrarte únicamente en las características. Destaca cómo tu oferta puede mejorar la vida del cliente o resolver sus problemas de manera efectiva.

⊃ **Manejo de objeciones.** Los clientes, a menudo, tienen dudas o sospechas que pueden obstaculizar el proceso de venta. Es importante anticipar y manejar estas objeciones de manera profesional y convincente. Escucha atentamente las objeciones del cliente y ofrece respuestas claras y sólidas para disipar cualquier preocupación.

⊃ **Cierre de ventas.** El cierre es el momento en que se solicita al cliente que tome una decisión de compra. Utilice técnicas de cierre como la oferta limitada en el tiempo, la creación de un sentido de urgencia o la comparación de opciones para ayudar al cliente a tomar una decisión.

⊃ **Seguimiento posventa.** Después de completar una venta, es importante mantener una relación con el cliente. Realice un seguimiento para asegurarte de que estén satisfechos con su compra y para ofrecer cualquier soporte adicional que puedan necesitar. Esto también puede generar oportunidades para ventas adicionales o referencias.

 **RECUERDA**

Cada cliente y situación de venta es única, por lo que es importante adaptar estas técnicas a tus propias circunstancias y las necesidades específicas de cada cliente. La empatía, la honestidad y la confianza son fundamentales en el proceso de ventas.

Crear una sensación de urgencia en el cliente es una técnica muy difundida.

3. Aplicación de técnicas de venta

☞ **HILO CONDUCTOR**

Juan, el dueño de la carpintería La Atarazana, comprende la importancia de aplicar técnicas de venta efectivas para mejorar el rendimiento y la eficacia de su equipo de ventas.

Una vez que el equipo de ventas comprende las necesidades del cliente, utilizan argumentos persuasivos para resaltar cómo los productos de la carpintería pueden satisfacer esas necesidades. Cuando es posible, el equipo hace demostraciones o da muestras de los productos para que los clientes puedan experimentarlos directamente.

Para generar un sentido de urgencia en los clientes, Juan y su equipo, ocasionalmente, destacan la disponibilidad limitada de ciertos artículos o la oportunidad de personalizar un diseño antes de una fecha límite.

Las **técnicas de venta** son estrategias y métodos utilizados por los vendedores para influir en el proceso de compra del cliente y persuadirlo a adquirir un producto o servicio. Estas técnicas están diseñadas para mejorar el rendimiento y la eficacia de las ventas, ayudando a los vendedores a comunicar de manera efectiva los beneficios y ventajas de lo que están ofreciendo, y superar las objeciones que pueden surgir durante el proceso.

La aplicación de técnicas de venta es fundamental para mejorar los resultados de un equipo de ventas. Alguna de las aplicaciones de estas técnicas, son:

- **Conocimiento del producto.** Es crucial que el vendedor tenga un conocimiento profundo del producto o servicio que está ofreciendo. Debe conocer todas sus características, beneficios y ventajas competitivas para poder comunicarlos de manera efectiva al cliente.
- **Escucha activa.** Un buen vendedor debe ser un buen oyente. Escuchar activamente al cliente permite comprender sus necesidades, preocupaciones y objeciones. Esto brinda la oportunidad de responder de manera adecuada y personalizada, demostrar confianza y una relación sólida.
- **Argumentación persuasiva.** Una vez que se ha comprendido al cliente, el vendedor debe utilizar argumentos convincentes para resaltar cómo el producto o servicio puede satisfacer sus necesidades. Es importante resaltar los beneficios y ventajas que ofrecen, y mostrar cómo resolverán los problemas o desafíos del cliente.
- **Demostraciones y muestras.** Si es posible, ofrecer una demostración o muestra del producto puede ser altamente efectivo. Esto permite al cliente experimentar directamente sus características y beneficios, lo que ayuda a generar interés y confianza en la compra.
- **Crear urgencia.** Una técnica efectiva es crear una sensación de urgencia en el cliente. Esto se puede lograr mediante la oferta de promociones o descuentos por tiempo limitado. También se pueden resaltar las ventajas de tomar una decisión rápida, como la disponibilidad limitada o la posibilidad de perderse algo valioso.

 **RECUERDA**

Es importante recordar que las técnicas de venta deben ser aplicadas éticamente, centrándose en el beneficio mutuo tanto para el vendedor como para el cliente. La confianza y la satisfacción del cliente son fundamentales para establecer relaciones comerciales sólidas a largo plazo.

 **APLICACIÓN PRÁCTICA**

En una reunión de trabajo, Marta, dueña y gerente de inmobiliaria Los Álamos, pide a su equipo de ventas que utilicen técnicas de venta consultivas y escucha activa.

Continúa en página siguiente >>

<< Viene de página anterior

¿Qué significa adoptar un enfoque de ventas consultivas?

Solución

Adoptar un enfoque de ventas consultivas implica que el proceso de ventas se basa en comprender profundamente las necesidades, problemas y deseos del cliente para poder ofrecer soluciones personalizadas y valiosas. En lugar de simplemente intentar vender un producto o servicio, el vendedor actúa como un consultor o asesor que busca entender la situación del cliente y proponer la mejor solución posible.

---

4. Seguimiento y fidelización de clientes

👉 HILO CONDUCTOR

Para Juan y su equipo en la carpintería La Atarazana, el seguimiento y la fidelización de clientes se convierten en aspectos cruciales de su estrategia comercial. Reconoce que mantener relaciones sólidas con sus clientes existentes no solo genera ventas repetidas, sino que también construye una reputación positiva en el mercado.

Después de cada compra realizada en La Atarazana, el equipo de Juan implementa un sistema de seguimiento de clientes. Se envían correos electrónicos de agradecimiento personalizados junto con encuestas de satisfacción para recopilar comentarios y sugerencias. Además, surge una línea de atención al cliente donde los clientes pueden plantear cualquier pregunta o inquietud.

Para fidelizar a sus clientes se crea un programa de recompensas para clientes frecuentes, donde cada compra acumula puntos que pueden ser canjeados por descuentos en compras futuras.

El **seguimiento** y la **fidelización** de clientes son dos estrategias clave para las empresas que buscan mantener relaciones sólidas con sus clientes y generar ventas repetidas a lo largo del tiempo:

◒ **Seguimiento.** El seguimiento de clientes implica mantener un contacto constante y regular con los clientes, después de que hayan realizado una compra haciendo:

- ◡ Envío de correos electrónicos.
- ◡ Realizando de encuestas de satisfacción.
- ◡ Ofreciendo asistencia personalizada.
- ◡ Manteniendo una presencia activa en las redes sociales.

El seguimiento de clientes permite mantener una relación a largo plazo con los clientes, aumentar su satisfacción y fomentar la lealtad hacia la marca.

◒ **Fidelización.** La fidelización de clientes implica crear y mantener una base de clientes leales y recurrentes. Se centra en desarrollar estrategias y programas para asegurar que los clientes vuelvan a comprar haciendo:

- ◡ Programas de recompensas y descuentos exclusivos.
- ◡ Que la experiencia del cliente sea personalizada.
- ◡ Solicitud opiniones y comentarios de los clientes.
- ◡ Recordatorios a los clientes ofertas o promociones especiales.

La fidelización de clientes supone tener a clientes satisfechos que son más propensos a recomendar tus productos. El boca a boca positivo proveniente de clientes leales puede generar un flujo constante de nuevos clientes potenciales sin incurrir en gastos de *marketing* adicionales.

La fidelización de clientes es esencial porque es más rentable mantener a los clientes existentes que adquirir nuevos. Además, los clientes leales también pueden convertirse en defensores de la marca, lo que ayuda a atraer a nuevos clientes.

 TAREA 2

Imagina que eres el gerente de una tienda de productos de cosmética llamada Cool-face. La tienda vende una gran gama de productos como maquillaje, cremas, etc.

Tu objetivo es aumentar la satisfacción y lealtad de los clientes, así como generar ventas repetidas. Diseña, al menos, tres estrategias de seguimiento de clientes

Continúa en página siguiente >>

<< Viene de página anterior

que Cool-face podría implementar para mantener una relación sólida con sus clientes y brindarles apoyo continuo.

Proporciona, como mínimo, tres técnicas de fidelización de clientes que Cool-face podría implementar para asegurarse de que los clientes vuelvan a comprar en el futuro y se conviertan en defensores de la marca.

---

5. Resolución de conflictos y reclamaciones propios de la venta

☞ **HILO CONDUCTOR**

Después de un período de tiempo exitoso, Juan se ha dado cuenta de que mantener el nivel de calidad y satisfacción del cliente es fundamental para el crecimiento continuo de la carpintería La Atarazana. Juan entiende que cada conflicto es una oportunidad para mejorar. Después de resolver un conflicto, el equipo de La Atarazana realiza una revisión interna para analizar qué se podría haber hecho de manera diferente para evitar el problema o para resolverlo más eficientemente. Esta retroalimentación se utiliza para ajustar los procedimientos y procesos internos, lo que resulta una mejora continua en la calidad de los productos y el servicio al cliente.

La resolución de conflictos y reclamaciones son clave para las empresas que buscan mantener una reputación sólida de cara a sus clientes y generar confianza en futuras compras.

A continuación, verás diferentes **técnicas** para afrontar estos conflictos y reclamaciones:

➲ **Escuchar activamente.** Cuando un cliente presenta una queja o conflicto es crucial escuchar atentamente y permitir que expresen su preocupación. Presta atención a los detalles y muestra empatía hacia su situación.

- ⮂ **Mantener la calma.** Es esencial mantener la calma y la compostura durante toda la interacción con el cliente, incluso si están enojados o frustrados. Responder de manera profesional y amable puede ayudar a reducir la tensión y facilitar una resolución más efectiva.
- ⮂ **Comprender el problema.** Asegúrese de comprender completamente el problema del cliente antes de intentar resolverlo. Haz preguntas claras y específicas para obtener todos los detalles necesarios. Esto te ayudará a identificar la causa y encontrar la mejor solución.
- ⮂ **Ofrecer opciones de solución.** Una vez que hayas comprendido el problema, ofrece soluciones viables al cliente. Puedes proponer opciones como reemplazar el producto, ofrecer un reembolso total o parcial.
- ⮂ **Resolver el problema de manera oportuna.** Es importante abordar y resolver la queja o conflicto de manera oportuna. El tiempo de respuesta rápido muestra al cliente que su satisfacción es una prioridad para ti. Si es necesario, comunícate con los departamentos o individuos relevantes dentro de tu organización para obtener una solución más rápida.
- ⮂ **Aprender de la experiencia.** Cada reclamación o conflicto es una oportunidad para mejorar tus productos, servicios o procesos. Realiza un seguimiento interno para identificar patrones comunes de reclamaciones y tomar medidas para evitar problemas similares en el futuro.

La resolución de conflictos y reclamaciones puede ser un desafío, pero también es una oportunidad para fortalecer la relación con tus clientes y mejorar la calidad de tus productos o servicios. Se debe adoptar un enfoque proactivo, buscar soluciones justas y brindar un excelente servicio al cliente en todo momento.

 ACTIVIDAD COMPLEMENTARIA

2. Busca en fuentes externas diferentes técnicas de venta que se utilicen hoy en día en el mundo digital y elabora una lista con las más importantes y efectivas.

6. Resumen

Esta unidad aborda los procesos de venta y la optimización de estrategias y técnicas de ventas, con el objetivo de lograr un rendimiento efectivo y relaciones duraderas con los clientes. Se destacan varias fases clave en el proceso de venta que nos ayudan a entenderlo.

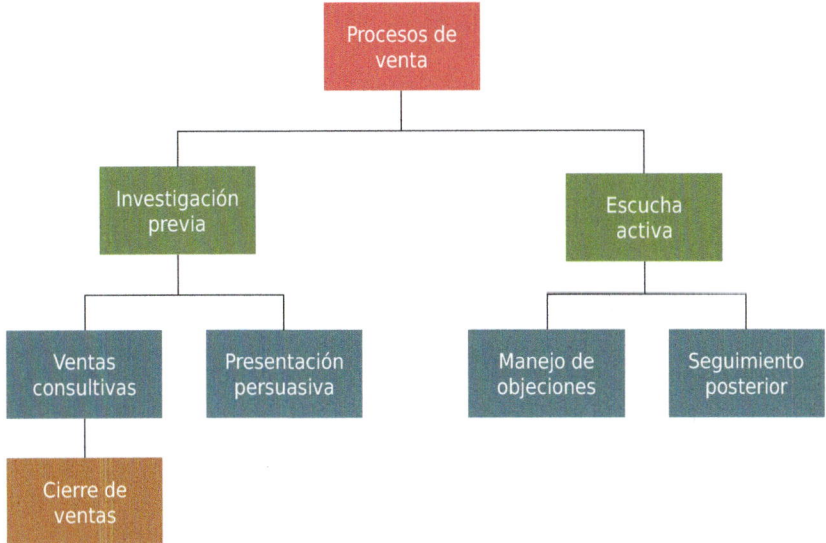

Conocer bien el producto que vendes te dará argumentos muy sólidos para realizar la venta. Estas técnicas, sumadas a otras, te aportarán seguridad a la hora de enfrentarte a una oportunidad de negocio.

También se aborda la importancia del seguimiento y la fidelización de clientes. El seguimiento implica mantener una comunicación continua con los clientes, mientras que la fidelización implica la utilización de técnicas para captar al cliente haciéndole sentir querido y respetado por la marca.

Resolver conflictos y atender reclamaciones es una parte imprescindible en el proceso de venta para conseguir una imagen de solvencia y respeto a ojos de los clientes. Esta fase hace que el cliente realice la compra sin estrés ninguno ante posibles problemas y, por lo tanto, se consigue que la experiencia de compra sea totalmente satisfactoria.

Ejercicios de autoevaluación
Unidad de Aprendizaje 2

1. Indica si la siguiente oración es verdadera o falsa: "El objetivo general de las técnicas de venta es comprender y aprender a utilizar un conjunto completo de estrategias y técnicas que se pueden aplicar en el proceso de ventas".

   ■ Verdadero
   ■ Falso

2. ¿Qué es la escucha activa en el proceso de venta?

   a. Presentar de manera persuasiva las características del producto.
   b. Realizar demostraciones y muestras del producto.
   c. Prestar atención cuidadosa a las necesidades y preocupaciones del cliente.
   d. Crear una sensación de urgencia en el cliente.

3. ¿Cuál es una estrategia común de fidelización de clientes?

   a. Realizar llamadas telefónicas de seguimiento para verificar la satisfacción del cliente.
   b. Enviar correos electrónicos o boletines informativos periódicos.
   c. Ofrecer descuentos exclusivos solo para nuevos clientes.
   d. Resolver cualquier problema o duda que pueda surgir.

4. Indica si la siguiente oración es verdadera o falsa: "Las técnicas de venta son estrategias diseñadas para persuadir a los clientes y mejorar la eficacia de las ventas".

   ■ Verdadero
   ■ Falso

5. Indica si la siguiente oración es verdadera o falsa: "El enfoque de ventas consultivas implica destacar las características del producto para persuadir al cliente".

- Verdadero
- Falso

6. ¿Cuál es una de las medidas clave para la resolución efectiva de conflictos y reclamaciones en el proceso de venta, según el texto?

a. Ignorar las quejas de los clientes para evitar tensiones.
b. Apresurarse a ofrecer soluciones sin entender completamente el problema.
c. Mostrar empatía y mantener la calma durante la interacción con el cliente.
d. Dejar que los clientes resuelvan sus problemas por sí mismos.

7. ¿Cuál es una técnica efectiva para el cierre de ventas?

a. Ofrecer demostraciones y muestras del producto.
b. Crear una sensación de urgencia en el cliente.
c. Escuchar activamente al cliente.
d. Mantener una relación sólida con los clientes después de una compra.

8. Indica si la siguiente oración es verdadera o falsa: "El seguimiento y la fidelización de clientes no son estrategias importantes en el mundo de las ventas".

- Verdadero
- Falso

9. Indica si la siguiente oración es verdadera o falsa: "La resolución de conflictos y reclamaciones no es relevante en el proceso de venta".

- Verdadero
- Falso

10. Indica si la siguiente oración es verdadera o falsa: "El proceso de venta abarca desde la investigación previa hasta el seguimiento posterior a la venta".

- Verdadero
- Falso

Atención y orientación al cliente

Contenido

Objetivos

El objetivo general de esta Unidad de Aprendizaje es:

→ Comprender la importancia de la atención y orientación al cliente en el contexto empresarial, destacando las diversas perspectivas que influyen en la calidad de esta atención.

Los objetivos específicos de esta Unidad de Aprendizaje son:

→ Explorar la importancia de la atención al cliente.

→ Analizar las perspectivas de calidad en la atención al cliente.

→ Identificar elementos esenciales para la calidad en la atención al cliente.

→ Examinar las fases en la atención al cliente.

→ Evaluar la comprensión de los conceptos relacionados con la calidad en la atención al cliente.

1. Introducción

La atención y orientación al cliente es un proceso fundamental en cualquier tipo de negocio o empresa, ya que ayuda a establecer una relación positiva y duradera con los clientes. Esto implica proporcionar información, asistencia y soluciones a las necesidades y consultas de los clientes, con el objetivo de satisfacer sus expectativas y brindarles una experiencia satisfactoria.

Seguiremos los pasos de la carpintería La Atarazana para analizar e implementar una atención al cliente de calidad.

2. Perspectivas de la calidad en la atención al cliente

☞ HILO CONDUCTOR

Juan y su equipo, en la carpintería La Atarazana, han comprendido que ofrecer un servicio excepcional no solo era satisfacer las necesidades inmediatas de los clientes, sino también crear relaciones a largo plazo basadas en la confianza y la satisfacción continua.

Se han centrado en la formación continua de su personal de atención al cliente, asegurándose de que estén bien preparados para brindar soluciones efectivas y personalizadas. Los procesos internos se han optimizado constantemente para garantizar una experiencia fluida para el cliente, desde el momento en que realizan un pedido hasta la entrega del producto y el seguimiento posterior a la venta.

La competitividad de la carpintería La Atarazana se ha fortalecido a medida que sus clientes han experimentado un servicio excepcional.

A continuación, verás algunas **perspectivas** desde las que afrontar una óptima calidad en la atención al cliente:

○ **Perspectiva del cliente.** Esta se centra en la percepción del cliente sobre la calidad del servicio recibido. Es fundamental comprender las expectativas y necesidades del cliente y trabajar para superarlas. La calidad se evalúa en función de la satisfacción del cliente, la atención personalizada, la resolución efectiva de problemas y la facilidad de uso del servicio.

- ⮕ **Perspectiva del personal de atención al cliente.** La calidad también se relaciona con el desempeño y la satisfacción del personal encargado de la atención al cliente. Es importante contar con empleados capacitados, motivados y comprometidos, que estén brindando un servicio excepcional. La calidad se mide a través de la formación y el desarrollo del personal, la satisfacción laboral y la capacidad de respuesta a las necesidades del cliente.

- ⮕ **Perspectiva de procesos internos.** Para ofrecer una atención al cliente de calidad, es necesario contar con procesos internos eficientes y efectivos. Esto implica establecer flujos de trabajo claros y bien definidos, identificar y eliminar posibles obstáculos o puntos de fricción en el proceso y garantizar una comunicación fluida entre los diferentes departamentos involucrados en la atención al cliente. La calidad se evalúa a través de la eficacia de los procesos, la reducción de errores y la optimización de la eficiencia operativa.

- ⮕ **Perspectiva de mejora continua.** La calidad en la atención al cliente implica un enfoque de mejora constante. Esto conlleva recopilar y analizar datos, medir el rendimiento, identificar áreas de mejora y tomar medidas para implementar cambios y ajustes. La calidad se mide a través de la capacidad de la organización para aprender de los errores, implementar mejoras y adaptarse a las nuevas necesidades y demandas del cliente.

- ⮕ **Perspectiva de competitividad.** La calidad en la atención al cliente también es un factor clave para mantener la competitividad en el mercado. Una atención al cliente excepcional puede diferenciar a una empresa de sus competidores y generar una ventaja competitiva. La calidad se evalúa en términos de la capacidad de la organización para superar las expectativas del cliente, generar lealtad y retener a los clientes a largo plazo.

 IMPORTANTE

Un enfoque en comprender al cliente, capacitar al personal, optimizar procesos y buscar la mejora constante, asegura que la calidad de la atención al cliente se convierta en una rentable estrategia comercial.

Estas perspectivas ayudan a comprender los diferentes aspectos que influyen en la calidad de la atención al cliente. Es importante tener en cuenta todas estas perspectivas y trabajar de manera integral para garantizar una experiencia satisfactoria y de calidad para los clientes.

APLICACIÓN PRÁCTICA

Antonio, encargado de personal de cristalería La Marquesa, está empeñado en ofrecer una atención al cliente excepcional desde la perspectiva de procesos internos.

¿Qué se requiere para ofrecer una atención al cliente de calidad según la perspectiva de procesos internos?

Solución

Establecer flujos de trabajo claros y bien definidos es fundamental en la perspectiva de procesos internos de la calidad de atención al cliente por varias razones clave:

- Eficiencia operativa: los flujos de trabajo claros permiten que los empleados sepan exactamente qué hacer en cada situación.
- Consistencia en el servicio: al tener procedimientos estandarizados, se garantiza que todos los clientes reciban un nivel de servicio consistente.
- Reducción de errores: los flujos de trabajo bien definidos reducen la probabilidad de cometer errores.

3. Calidad en la atención al cliente

HILO CONDUCTOR

La calidad en la atención al cliente se ha convertido en un pilar fundamental para la estrategia comercial de la carpintería La Atarazana. Juan y su equipo han internalizado los principios de profesionalidad, conocimiento, tiempo de respuesta, personalización, resolución de problemas, seguimiento y retroalimentación, así como la cultura de servicio al cliente. Los clientes no solo regresan debido a la calidad de los productos, sino también debido a la experiencia positiva que tienen al interactuar con el equipo.

La calidad en la atención al cliente es la capacidad de una empresa o negocio para satisfacer las necesidades y expectativas de sus clientes de manera efectiva. Se trata de brindar un servicio excepcional, superando las expectativas del cliente y descubriendo una experiencia positiva que promueva la lealtad y la recomendación. La calidad en la atención al cliente se puede ver por:

- **Profesionalidad.** Los empleados encargados de la atención al cliente deben ser profesionales en su trato y comportamiento. Esto implica ser cortés, amable, respetuoso y empático. Los clientes deben sentir que están siendo atendidos por personas competentes.
- **Conocimiento y habilidades.** Es esencial que el personal de atención al cliente tenga un conocimiento amplio sobre los productos o servicios de la empresa. Deben ser capaces de responder preguntas, brindar información precisa y ofrecer asesoramiento adecuado. Además, deben poseer habilidades de comunicación efectiva, escucha activa y resolución de problemas.
- **Tiempo de respuesta.** Los clientes valoran la prontitud en la atención. Es importante responder rápidamente a las consultas y solicitudes de los clientes, ya sea en persona, por teléfono o a través de otros canales de comunicación. Un tiempo de respuesta rápido demuestra interés y compromiso con la satisfacción del cliente.
- **Personalización.** Cada cliente es único y tiene necesidades específicas. La calidad en la atención al cliente implica adaptarse a esas necesidades individuales y ofrecer soluciones personalizadas. Esto conlleva escuchar atentamente, comprender las necesidades del cliente y brindar recomendaciones que se ajusten a su situación particular.
- **Resolución de problemas.** La calidad en la atención al cliente se demuestra en la capacidad de resolver problemas de manera efectiva. Los empleados deben estar capacitados para manejar quejas, consultas o situaciones difíciles, y encontrar soluciones adecuadas para garantizar la satisfacción del cliente.
- **Seguimiento y retroalimentación.** Es importante realizar un seguimiento de las interacciones con los clientes y recopilar sus sugerencias y comentarios. Esto puede hacerse a través de encuestas, comentarios en línea o, incluso, a través de llamadas de seguimiento. La retroalimentación del cliente es una valiosa fuente de información para identificar áreas de mejora y ajustar los procesos de atención al cliente.
- **Cultura de servicio al cliente.** La calidad en la atención al cliente debe ser parte de la cultura organizacional. Todos los miembros de la empresa, desde los empleados de primera línea hasta la alta dirección, deben comprender la importancia de brindar un servicio de calidad y estar comprometidos con ello.

La atención al cliente fideliza a más clientes, te da acceso a mejor publicidad y potencia la buena reputación de tu marca.

 TAREA 3

Imagina que trabajas en un pequeño restaurante, del que, además, eres socio y has notado que la calidad de la atención al cliente ha disminuido últimamente en los empleados del restaurante. Basándote en lo que has aprendido, escribe una sugerencia para mejorar la calidad en cada uno de los siguientes aspectos:

- Profesionalidad del personal
- Tiempo de respuesta a las solicitudes
- Personalización de la experiencia

4. Fases en la atención al cliente

 HILO CONDUCTOR

La atención al cliente en la carpintería La Atarazana, generalmente, sigue varias fases o etapas que describen el proceso desde el primer contacto hasta la resolución de la consulta o problema. Recepcionar, identificar necesidades, asesorar y resolver problemas, se han convertido en tareas cotidianas de su servicio de atención al cliente. Estas fases del proceso están arraigadas en la cultura de la empresa y en la formación continua del personal.

La atención al cliente, generalmente, sigue varias fases o etapas que describen el proceso, desde el primer contacto hasta la resolución de la consulta o problema. Las fases pueden variar según la empresa o el contexto específico.

Estas son las principales **fases** del proceso de atención al cliente:

- **Recepción:** esta fase se refiere al primer contacto entre el cliente y la empresa. Puede ocurrir de diversas formas, como una llamada telefónica, un correo electrónico, una visita en persona o a través de un chat en línea. Durante esta etapa, es importante recibir al cliente de manera amable y profesional, recopilando la información necesaria para entender su consulta o solicitud.
- **Identificación de necesidades:** en esta etapa, el personal de atención al cliente debe realizar preguntas y escuchar rápidamente para comprender las necesidades específicas del cliente. Es importante informarse sobre sus requisitos, preferencias y cualquier problema que pueda tener. La identificación precisa de las necesidades del cliente es esencial para brindar un servicio adecuado.
- **Asesoramiento y recomendación:** una vez que se han identificado las necesidades del cliente, el personal de atención al cliente puede brindar asesoramiento y recomendar productos, servicios o soluciones que se ajusten a esas necesidades. Deben tener un conocimiento sólido de los productos o servicios para poder ofrecer recomendaciones apropiadas y responder a las preguntas del cliente.
- **Resolución de problemas:** en esta fase, el personal de atención al cliente trabaja para resolver cualquier problema o consulta que el cliente pueda tener. Esto puede incluir instrucciones para proporcionar información adicional, proporcionar paso a paso, gestionar devoluciones o reembolsos, o coordinar la solución con otros departamentos internos si es necesario.
- **Seguimiento y cierre:** después de que se haya resuelto el problema o se haya proporcionado la información solicitada, es importante realizar un seguimiento para asegurarse de que el cliente esté satisfecho con la solución. Esto puede implicar hacer una llamada de seguimiento, enviar un correo electrónico o solicitar comentarios sobre la experiencia. El objetivo es cerrar el caso de manera satisfactoria y dejar una impresión positiva en el cliente.

NOTA

Algunas empresas pueden tener procesos más estructurados y detallados, mientras que otras pueden seguir un enfoque más flexible. En cualquier caso, el objetivo es proporcionar un servicio de calidad y satisfacer las necesidades del cliente en cada etapa del proceso de atención.

- -

ACTIVIDAD COMPLEMENTARIA

3. Utiliza un motor de búsqueda en internet (como *Google)* para investigar y encontrar ejemplos concretos de empresas o negocios que han destacado en la calidad de atención al cliente. Puedes buscar noticias, reseñas o casos de estudio relacionados con estas empresas.

   Asegúrate de mencionar, al menos, dos ejemplos de empresas que hayas investigado y cómo se relacionan con los conceptos del texto. También puedes incluir ejemplos de empresas que puedan haber tenido problemas en la atención al cliente y cómo afectó a su reputación. Para finalizar, elabora un listado con los más destacados.

- -

5. Resumen

En esta unidad descubrimos la importancia de la atención al cliente. El proceso de atención y orientación al cliente es esencial en cualquier negocio para establecer relaciones positivas y duraderas. Se centra en proporcionar información, asistencia y soluciones a las necesidades de los clientes con el fin de satisfacer sus expectativas y ofrecer una experiencia satisfactoria.

Poder valorar la calidad del servicio es esencial para corregir posibles errores. Por ello debemos hacerlo desde diferentes perspectivas prestando especial interés en una buena formación del personal encargado de llevarlo a cabo.

Perspectivas de la calidad en la atención al cliente	Calidad en la atención al cliente
- Del cliente - Del personal de atención - De procesos internos - De mejora continua - De competitividad	- Profesionalidad - Conocimiento y habilidades - Tiempo de respuesta - Personalización - Resolución de problemas - Seguimiento

Fases en la atención al cliente

- Recepción
- Identificación de necesidades
- Asesoramiento
- Resolución de problemas
- Seguimiento

Todos los procesos son importantes, pero cabe resaltar la importancia de la empatía en las relaciones con clientes a la hora de resolver conflictos. Esto te ayudará a entender el estado insatisfacción del cliente y facilitará que pueda atender mejor a tus recomendaciones.

En la resolución de problemas se trabaja en la solución de problemas o consultas del cliente, incluso coordinando con otros departamentos, si es necesario.

Por último, se realiza un seguimiento para asegurarse de que el cliente esté satisfecho con la solución y se cierra el caso de manera positiva.

Ejercicios de autoevaluación
Unidad de Aprendizaje 3

1. ¿Cuál de las siguientes perspectivas en la atención al cliente se enfoca en la percepción del cliente sobre la calidad del servicio?

    a. Perspectiva del personal de atención al cliente
    b. Perspectiva de procesos internos
    c. Perspectiva de mejora continua
    d. Perspectiva del cliente

2. Indica si la siguiente oración es verdadera o falsa: "La calidad en la atención al cliente no es importante para mantener la competitividad en el mercado".

    ■ Verdadero
    ■ Falso

3. ¿Qué implica la fase de asesoramiento y recomendación en la atención al cliente?

    a. Resolver problemas.
    b. Identificar necesidades.
    c. Recopilar información del cliente.
    d. Ofrecer recomendaciones y consejos.

4. Indica si la siguiente oración es verdadera o falsa: "La perspectiva de mejora continua implica implementar cambios y ajustes basados en la retroalimentación del cliente".

    ■ Verdadero
    ■ Falso

5. ¿Qué aspecto se evalúa a través de la eficacia de los procesos, la reducción de errores y la optimización de la eficiencia operativa?

    a. Perspectiva del cliente
    b. Perspectiva de procesos internos
    c. Perspectiva de mejora continua
    d. Perspectiva de competitividad

6. Indica si la siguiente oración es verdadera o falsa: "En la fase de identificación de necesidades en la atención al cliente es importante que el personal no realice preguntas para no incomodar al cliente".

   ■ Verdadero
   ■ Falso

7. ¿Qué se busca lograr durante la fase de seguimiento y cierre en atención al cliente?

   a. Identificar necesidades.
   b. Ofrecer recomendaciones.
   c. Resolver problemas.
   d. Dejar una impresión positiva y asegurarse de la satisfacción del cliente.

8. Indica si la siguiente oración es verdadera o falsa: "La resolución de problemas es una fase en la atención al cliente que implica proporcionar recomendaciones a los clientes".

   ■ Verdadero
   ■ Falso

9. ¿Por qué es importante que los empleados de atención al cliente sean profesionales en su trato y comportamiento?

   a. Para evitar interactuar con los clientes.
   b. Para que los clientes se sientan incómodos.
   c. Para brindar un servicio excepcional y competente.
   d. Para reducir la calidad del servicio.

10. Indica si la siguiente oración es verdadera o falsa: "La cultura de servicio al cliente solo involucra a los empleados de primera línea en la empresa".

   ■ Verdadero
   ■ Falso

La madera y los productos de la madera

Contenido

Objetivos

El objetivo general de esta Unidad de Aprendizaje es:

→ Analizar información sobre la madera y los productos derivados de ella.

Los objetivos específicos de esta Unidad de Aprendizaje son:

→ Conocer los diferentes tipos de madera.

→ Aprender los distintos productos derivados de la madera.

→ Conocer las principales propiedades y utilidades de la madera y los productos derivados de la madera.

1. Introducción

La madera es uno de los materiales más antiguos y versátiles utilizados por la humanidad y ha desempeñado un papel fundamental en la historia de la construcción, la artesanía y la industria. Su popularidad se debe a su durabilidad, belleza y capacidad de adaptación a una amplia variedad de aplicaciones.

Desde muebles y viviendas hasta barcos y esculturas, la madera ha sido una parte esencial de la cultura y la civilización humana. Su uso ha evolucionado con el tiempo, desde métodos de construcción tradicionales hasta técnicas modernas de procesamiento y diseño. La madera es apreciada tanto por su aspecto natural y cálido como por su capacidad de resistir las fuerzas de compresión y tracción, lo que la convierte en un material de construcción valioso.

En la actualidad, la sostenibilidad se ha convertido en un aspecto crucial en la industria de la madera, con un enfoque en la gestión responsable de los bosques y el desarrollo de prácticas que minimizan el impacto ambiental. La madera también ha encontrado nuevas aplicaciones en la construcción de edificios ecológicos y en la fabricación de productos de ingeniería avanzada.

En resumen, la madera es un recurso natural versátil y duradero que ha desempeñado un papel fundamental en la historia de la humanidad y que sigue siendo esencial en una amplia gama de aplicaciones en la vida moderna. Su belleza, sostenibilidad y utilidad la convierten en un material único y valioso en nuestra sociedad.

Para comprender más sobre el mundo de la madera, seguiremos acompañando a la empresa de carpintería La Atarazana, que nos descubrirá el mundo de la madera y sus productos derivados.

2. La madera

 **HILO CONDUCTOR**

Antes de comenzar cualquier trabajo en La Atarazana, se preocupan mucho por elegir la madera más adecuada para cada proyecto. Tras muchos años de

Continúa en página siguiente >>

<< Viene de página anterior

experiencia en el sector, Juan ha aprendido la importancia de elegir la mejor materia prima en función de las características y prestaciones que se necesitan en cada momento. Aún recuerda cuando empezaba y eligió para un portaje exterior una madera blanda como el álamo por su bajo coste. Esto supuso que la madera se deformó y mermó en demasía teniendo que volver a realizar el trabajo con una madera más adecuada.

La madera es un recurso natural renovable que proviene principalmente de los árboles. Está compuesta principalmente de celulosa y lignina y ha sido utilizada por el ser humano desde tiempos ancestrales, teniendo una amplia variedad de usos y aplicaciones en diferentes industrias.

La madera se puede clasificar en dos **tipos** principales:

- **Madera dura.** La madera dura es un término utilizado para describir un tipo de madera que proviene de árboles de hoja caduca o árboles de hoja ancha *(angiospermas)*. Estos árboles, generalmente, tienen hojas anchas que caen en otoño, en contraste con los árboles de hoja perenne que mantienen sus hojas durante todo el año. La madera dura es conocida por ser más densa y resistente que la blanda.

  Las maderas duras son muy valoradas en la industria de la construcción y la fabricación de muebles, debido a sus propiedades físicas deseables. Son conocidas por su durabilidad, resistencia y belleza. Algunos ejemplos de maderas duras populares incluyen el roble, el nogal, el cerezo, el arce y el fresno. Estas maderas se utilizan en una variedad de aplicaciones, desde la construcción de suelos y revestimientos hasta la fabricación de muebles de alta calidad.

  Es importante tener en cuenta que el término "madera dura" no se refiere a la dureza absoluta de la madera, ya que esta puede variar según la especie. Algunas maderas duras son muy duras, mientras que otras son menos duras, pero aun así se consideran maderas duras debido a su origen en árboles de hoja ancha. La elección de la madera dependerá de las necesidades específicas del proyecto y las propiedades deseables, como la apariencia y la resistencia.

- **Madera blanda.** La madera blanda es un término que se utiliza para describir un tipo de madera que proviene de árboles de coníferas o *gimnospermas*. Estos árboles tienen hojas en forma de agujas y producen madera que, generalmente, es menos densa y más ligera que la madera dura, que proviene de árboles de hojas anchas o *angiospermas*.

Algunas de las características comunes de la madera blanda incluyen su facilidad para trabajarla, ya que es menos densa y más maleable que la dura. Esto la hace adecuada para una variedad de aplicaciones, como la construcción de casas, muebles, paneles de madera contrachapada y productos de carpintería. Algunos ejemplos de árboles de madera blanda incluyen el pino, el abeto, el cedro y el abeto Douglas, entre otros. La madera blanda se utiliza ampliamente en la industria de la construcción y en la fabricación de productos de madera, debido a su disponibilidad, facilidad de trabajo y costo relativamente bajo en comparación con la madera dura. Sin embargo, es importante tener en cuenta que la durabilidad y la resistencia de la madera blanda pueden variar según la especie y las condiciones de tratamiento, por lo que es esencial seleccionar la madera adecuada para una aplicación específica.

La madera dura es muy apreciada en suelos de madera por su dureza y estabilidad.

SABÍAS QUE...

La madera más dura del mundo es el buloke. Esta madera de origen australiano tiene una dureza de 5.060 lbf (libras fuerza) o 22.450 newtons en la escala Janka, que mide la dureza de la madera al medir la fuerza necesaria para incrustar una bola de acero de 11,28 mm de diámetro hasta la mitad de su diámetro en la madera.

2.1. Características

Algunas de las **características** típicas de las **maderas duras** son las siguientes:

Densidad	- Las maderas duras suelen ser más densas que las blandas, lo que las hace ideales para aplicaciones que requieren resistencia y durabilidad.
Durabilidad	- Las maderas duras son resistentes a la descomposición y a los insectos, lo que las hace adecuadas para su uso en muebles de alta calidad, pisos, encimeras y otras aplicaciones donde se requiere resistencia a la intemperie y al desgaste.
Grano	- Las maderas duras tienden a tener un grano más apretado y uniforme en comparación con las maderas blandas, lo que puede resultar en una apariencia más atractiva en proyectos de carpintería.
Variedad de especies	- Hay una amplia variedad de especies de árboles de hoja ancha que se consideran maderas duras, como el roble, el nogal, el cerezo, el arce y el fresno, entre otros. Cada una de estas especies tiene características y propiedades únicas.
Aplicaciones	- Debido a su resistencia y durabilidad, las maderas duras se utilizan comúnmente en la fabricación de muebles de calidad, pisos, molduras, gabinetes, tablas de cortar y otros proyectos de carpintería.

Algunas de las **características** típicas de las **maderas blandas incluyen:**

| Densidad | - La madera blanda tiene una densidad más baja en comparación con la madera dura. Esto significa que es más liviana y menos densa, en términos de peso por unidad de volumen. La baja densidad facilita su manipulación y procesamiento. |

Continúa en página siguiente >>

<< Viene de página anterior

Durabilidad	- En general, las maderas blandas tienden a ser menos duraderas que las duras. Son más propensas a la descomposición, el ataque de insectos y la humedad, por lo que se utilizan principalmente en aplicaciones donde no están expuestas a condiciones extremas o al aire libre sin tratamiento adecuado.
Grano	- La madera blanda suele tener un grano más visible y menos uniforme en comparación con la madera dura. Puede tener nudos y anillos de crecimiento más prominentes, lo que le da una apariencia característica.
Variedad de especies	- Existen varias especies de árboles coníferos que proporcionan madera blanda. Algunas de las especies más comunes incluyen el pino, el abeto, el cedro, el abeto Douglas y el pino radiata. Cada una de estas especies tiene sus propias características únicas de color, textura y dureza.
Aplicaciones	- Construcción: de marcos, vigas, paneles de yeso, revestimientos y otros elementos estructurales. También se emplea en la fabricación de contrachapados y tableros de partículas. - Muebles: aunque es menos duradera que la madera dura, se utiliza para muebles de interior, especialmente cuando se trata de muebles económicos o de uso temporal. - Embalaje: se emplea en la fabricación de paletas, cajas y envases, debido a su facilidad de manipulación y bajo costo. - Carpintería general: se utiliza en proyectos de carpintería caseros y proyectos de bricolaje, debido a su disponibilidad y facilidad de trabajo. - Papel y pulpa: la madera blanda es una fuente importante de materia prima para la producción de papel y pulpa. - Artesanía y proyectos escolares: es una elección popular para proyectos de artesanía y proyectos escolares, debido a su facilidad de corte y tallado.

TAREA 4

Supongamos que eres un carpintero aficionado y estás planeando construir una pequeña estantería de madera para tu hogar. Tienes que decidir qué tipo de madera utilizar, ya sea dura o blanda, en función de tus necesidades y preferencias.

La estantería se ubicará en tu sala de estar y tendrá que soportar el peso de libros y objetos decorativos. Quieres que la estantería sea duradera, estéticamente agradable y resistente a la deformación con el tiempo.

¿Qué tipo de madera elegirías para construir la estantería, dura o blanda? Justifica tu elección.

¿Qué características de la madera (como densidad, durabilidad, grano y variedad de especies) considerarías al tomar tu decisión?

---

3. Productos de la madera

☞ HILO CONDUCTOR

La madera y los productos derivados de esta desempeñaron un papel crucial en el éxito continuo de la carpintería La Atarazana. En la fase de identificación de necesidades del proceso de atención al cliente, los expertos de la carpintería asesoran a los clientes sobre la elección de la madera adecuada para sus proyectos. Explican las diferencias entre la madera dura y la blanda, destacando las ventajas de cada una en función de las necesidades del cliente. Esto ayuda a los clientes a tomar decisiones informadas y a obtener productos que se adaptan perfectamente a sus requisitos. La madera laminada es otra opción que Juan ofrece para proyectos de construcción que requieren resistencia adicional. Este producto era especialmente popular entre los clientes que buscaban vigas y columnas robustas y duraderas.

Los productos de madera se obtienen a partir del procesamiento y transformación de la madera en diferentes productos de diferentes formas y tamaños, según las necesidades y requerimientos específicos.

Los tableros de madera en sus diferentes formas son muy apreciados en carpintería por su estabilidad y versatilidad.

Algunos **productos derivados de la madera** son:

- **Madera aserrada:** es la madera que ha sido cortada en tablas, tablones o listones mediante un proceso de aserrado. Se utiliza en la construcción de estructuras, muebles, pisos, revestimientos y muchos otros usos.
- **Tableros en partículas:** también conocidos como aglomerado o conglomerado, son paneles hechos a partir de partículas de madera aglutinadas con resinas y prensadas. Son utilizados en la fabricación de muebles, puertas, estanterías y otros productos.
- **Contrachapado:** consiste en capas de chapas de madera superpuestas y encoladas entre sí, alternando la dirección de las fibras. Se utiliza en la construcción, fabricación de muebles, embarcaciones y otros productos donde se requiere mayor resistencia y estabilidad dimensional.
- **Madera laminada:** se obtiene al unir varias piezas de madera mediante adhesivos, formando vigas o paneles de mayor tamaño y resistencia que la madera sólida. Se utiliza en la construcción de estructuras, como vigas y columnas.
- **Celulosa y papel:** la madera se utiliza en la producción de pulpa de celulosa, que se emplea en la fabricación de papel, cartón, productos de higiene personal y otros productos relacionados con la industria papelera.
- **Productos de carpintería:** incluyen una amplia gama de elementos como muebles, puertas, ventanas, marcos, molduras, escaleras y otros elementos hechos de madera que se utilizan en la construcción y decoración de interiores.
- **Productos tratados:** son productos como postes de cercas, traviesas de ferrocarril, etc. tratados con productos químicos para resistir las inclemencias meteorológicas como la humedad, los rayos del sol y el ataque de insectos y hongos.

IMPORTANTE

Se debe destacar que la producción y utilización de productos de madera debe ser realizada de manera sostenible, asegurando la gestión responsable de los recursos forestales y promoviendo prácticas de reforestación y conservación para garantizar la pérdida de los bosques y la biodiversidad.

APLICACIÓN PRÁCTICA

Nacho está haciendo un porche grande en su casa y necesita vigas de madera resistentes. Ha oído hablar de un producto derivado de la madera que reúne esas características, pero no sabe cómo se llama. ¿Qué tipo de madera se obtiene al unir varias piezas de madera mediante adhesivos para formar vigas o paneles de mayor tamaño y resistencia?

Solución

La madera laminada combina las cualidades naturales de la madera con ventajas estructurales y de diseño, lo que la convierte en una elección popular en una amplia gama de aplicaciones de construcción y diseño.

ACTIVIDAD COMPLEMENTARIA

4. Busca información en fuentes externas sobre las nuevas aplicaciones de la madera en la construcción de edificios ecológicos. Resume la información que has encontrado, destacando los aspectos más relevantes.

4. Resumen

La madera es un material antiguo y versátil que ha tenido un papel crucial en la historia de la construcción, la artesanía y la industria. Su popularidad se debe a su durabilidad, belleza y adaptabilidad a diversas aplicaciones. Desde muebles hasta barcos y esculturas, la madera ha sido esencial en la cultura humana, evolucionando desde métodos tradicionales hasta técnicas modernas.

Existen gran variedad de especies que se dividen en dos grandes grupos, de los cuales se pueden obtener diferentes tipos:

Madera blanda	Madera dura
- Contrachapado - Tableros de particulas - Celulosa y papel	- Productos de carpintería - Madera aserrada

Hoy en día, y gracias a la industria, existen gran cantidad y variedad de productos derivados de la madera que facilitan el trabajo de los profesionales dando soluciones duraderas y fiables a los retos a que se enfrentan.

Es importante destacar el compromiso de las diferentes industrias del sector para conseguir una producción sostenible que haga de este material tan noble un recurso duradero.

Ejercicios de autoevaluación
Unidad de Aprendizaje 4

1. Indica si la siguiente oración es verdadera o falsa: "La madera es un recurso natural renovable".

   ■ Verdadero
   ■ Falso

2. ¿Qué componente principal de la madera compone principalmente su estructura?

   a. Celulosa
   b. Lignina
   c. Hemicelulosa
   d. Almidón

3. Indica si la siguiente oración es verdadera o falsa: "La madera dura es, generalmente, menos densa que la madera blanda".

   ■ Verdadero
   ■ Falso

4. ¿Qué tipo de madera se utiliza combinada en la construcción de muebles de alta calidad?

   a. Madera blanda
   b. Madera dura
   c. Madera contrachapada
   d. Madera de pino

5. Indica si la siguiente oración es verdadera o falsa: "Las maderas duras son ideales para aplicaciones que requieren resistencia y durabilidad".

   ■ Verdadero
   ■ Falso

6. ¿Cuál es una característica común de la madera blanda?

   a. Alta densidad
   b. Dificultad para trabajarla
   c. Bajo costo
   d. Resistencia a la intemperie

7. Indica si la siguiente oración es verdadera o falsa: "La madera blanda es adecuada para aplicaciones donde está expuesta a condiciones extremas sin tratamiento adecuado".

   ■ Verdadero
   ■ Falso

8. ¿Cuál de las siguientes aplicaciones NO se menciona en la unidad como un uso común de la madera blanda?

   a. Fabricación de contrachapados
   b. Muebles de interior de alta calidad
   c. Carpintería general
   d. Producción de papel y pulpa

9. Indica si la siguiente oración es verdadera o falsa: "La madera blanda se utiliza en la fabricación de muebles de alta calidad".

   ■ Verdadero
   ■ Falso

10. ¿Qué tipo de madera se considera más resistente a la degradación y al ataque de insectos?

   a. Madera dura
   b. Madera blanda
   c. Madera contrachapada
   d. Madera de abeto Douglas

Teoría sobre estructuras de madera históricas

Contenido

Objetivos

El objetivo general de esta Unidad de Aprendizaje es:

→ Distinguir las diferentes teorías y enfoques relacionados con las estructuras de madera históricas.

Los objetivos específicos de esta Unidad de Aprendizaje son:

→ Comprender las técnicas constructivas tradicionales.

→ Analizar la teoría de las formas estructurales.

→ Analizar la teoría de los sistemas estructurales.

→ Analizar la teoría de adaptación y evolución.

→ Analizar la teoría de la conservación.

→ Comprender la importancia de la protección y conservación de las estructuras de madera históricas.

1. Introducción

Las estructuras de madera históricas han sido objeto de estudio y teorización por parte de expertos en arquitectura, ingeniería y conservación del patrimonio. A lo largo de la historia, se han desarrollado diversas teorías y enfoques para comprender la construcción y el comportamiento de estas estructuras.

Estas teorías utilizan conceptos, como la tecnología de madera que se centra en el conocimiento y las habilidades técnicas necesarias para trabajar con la madera en la construcción de estructuras, en las cargas (ya sean estáticas o dinámicas), en la resistencia y en las innovaciones constructivas.

En definitiva, este conjunto de teorías buscan comprender a este noble material para poder utilizarlo de manera eficiente en la construcción y conservación de estructuras de madera.

En esta unidad estudiaremos esas teorías y, para ello, seguiremos las andanzas de La Atarazana en su nuevo proyecto de conservación.

2. Teoría de las formas estructurales

☞ HILO CONDUCTOR

En su nuevo proyecto de conservación, Juan, de la carpintería La Atarazana, se embarca en un emocionante viaje hacia el mundo de las estructuras de madera históricas. La madera y los productos de madera seguían siendo la base de su negocio, pero ahora, además de ofrecer productos de alta calidad, se adentraba en el estudio y la preservación de estas obras maestras arquitectónicas del pasado. En su taller, Juan y su equipo comenzaron a estudiar los sistemas constructivos tradicionales utilizados en las estructuras de maderas históricas. Investigaron cómo variaban estos sistemas según la región y la época, y cómo estos principios ancestrales de eficiencia en el uso de materiales y resistencia a las cargas continuaban siendo relevantes en la conservación del patrimonio.

La **teoría de las formas estructurales** se centra en el estudio y la comprensión de cómo las estructuras de madera históricas han sido diseñadas y construidas a lo largo de la historia, prestando especial atención a las formas y técnicas constructivas utilizadas en estas edificaciones. Esta teoría es fundamental para analizar cómo estas estructuras se mantienen estables y funcionales a lo largo del tiempo. Aquí se presentan algunos **aspectos clave** de dicha teoría:

- **Sistemas constructivos tradicionales.** Las estructuras de madera históricas a menudo siguen sistemas de diseño y construcción tradicionales, que pueden variar según la región y la época en que se construyeron. Estos sistemas están basados en principios de eficiencia en el uso de materiales, distribución de cargas y resistencia a diferentes esfuerzos, como la compresión y la tracción. La teoría de las formas estructurales se enfoca en comprender estos sistemas tradicionales y cómo contribuir a la estabilidad de la estructura.
- **Métodos de ensamblaje.** Un aspecto clave de esta teoría es el estudio de los métodos de ensamblaje utilizados en las estructuras de madera históricas. Esto incluye el análisis de las uniones de madera, como las espigas, espigones, ensambles a cola de milano y otros tipos de conexiones. Estos métodos de ensamblaje son esenciales para comprender cómo se distribuyen las cargas a lo largo de la estructura y cómo se logra la estabilidad estructural.
- **Distribución de cargas.** La teoría de las formas estructurales también se enfoca en cómo se distribuyen las cargas a través de la estructura. Ello implica analizar cómo las vigas, columnas y otros elementos de soporte están dispuestos y conectados para asegurar que la estructura pueda soportar las cargas que actúan sobre ella de manera eficiente y segura.
- **Evolución de las técnicas constructivas.** Esta teoría también considera cómo las técnicas constructivas han evolucionado a lo largo del tiempo. A medida que avanzaba la tecnología y se desarrollaban nuevos métodos de unión y construcción, las estructuras de madera históricas también se adaptaban y cambiaban. El estudio de esta evolución es fundamental para comprender cómo se han desarrollado y transformado estas estructuras a lo largo de la historia.
- **Conservación y restauración.** La teoría de las formas estructurales es esencial para la conservación y restauración de estructuras de madera históricas. Para preservar estas construcciones, es importante entender cómo se construyeron originalmente y cómo funcionaban. Esto permite tomar decisiones informadas sobre las intervenciones necesarias para mantener su autenticidad y estabilidad.

3. Teoría de los sistemas estructurales

☞ **HILO CONDUCTOR**

Uno de los proyectos más notables en los que la carpintería La Atarazana se embarcó fue la restauración de una antigua iglesia de madera en desuso. La iglesia, construida en el siglo XIX, presentaba signos evidentes de deterioro, con vigas y columnas afectadas por la humedad y el paso de los años. Juan y su equipo se sumergieron en el estudio de la iglesia, desentrañando los métodos de ensamblaje utilizados en la estructura original. Descubrieron que las uniones de madera eran auténticas obras maestras de carpintería, con espigas y conjuntos de cola de milano que habían resistido el paso del tiempo. El resultado fue asombroso.

La **teoría de los sistemas estructurales** en madera se enfoca específicamente en cómo la madera, como material de construcción, influye en la forma y el diseño de las estructuras y cómo estas formas están intrínsecamente relacionadas con su desempeño estructural. Esta teoría se aplica a las estructuras de maderas históricas y contemporáneas, y se centra en los siguientes **aspectos:**

- ⬭ **Comportamiento de la madera.** La madera es un material natural que tiene propiedades específicas, como resistencia, flexibilidad y densidad. La teoría de las formas estructurales en madera considera cómo estas propiedades influyen en la forma y el diseño de las estructuras construidas con este material.
- ⬭ **Eficiencia en el uso de la madera.** Dado que la madera es un recurso limitado, la teoría busca lograr la máxima eficiencia en el uso de la madera en la construcción de estructuras. Esto implica diseñar las formas de las estructuras, de manera que utilicen la menor cantidad de madera posible sin comprometer la seguridad y la estabilidad.
- ⬭ **Forma y función.** Al igual que en la teoría de las formas estructurales, en general, se reconoce que la forma de una estructura de madera no es simplemente estética, sino que está directamente relacionada con su función. La forma de una estructura de madera se diseña para distribuir las cargas de manera eficiente y resistir fuerzas como el peso, el viento y el movimiento sísmico.
- ⬭ **Adaptación al entorno y al contexto.** La teoría de las formas estructurales en madera también tiene en cuenta el entorno y el contexto en el que se encuentra una estructura. Por ejemplo, una cabaña en una región con

abundante madera puede tener una forma diferente a una estructura similar en una región con escasez de madera.

⮕ **Innovación en diseño.** La teoría promueve la innovación en el diseño de estructuras de madera, impulsando la exploración de formas no convencionales y la búsqueda de soluciones creativas para los desafíos estructurales.

IMPORTANTE

Las estructuras de madera históricas no solo son ejemplos de ingeniería y arquitectura, sino también valiosos elementos del patrimonio cultural de una región o comunidad. Su preservación es esencial para mantener viva la historia y la identidad cultural.

Las estructuras de madera histórica nos cuentan la historia de la carpintería, por ello es importante preservarlas para que no se pierda ese legado.

APLICACIÓN PRÁCTICA

¿Qué aspecto clave estudia la teoría de las formas estructurales en madera en relación con las estructuras históricas de madera?

Continúa en página siguiente >>

<< Viene de página anterior

Solución

La teoría de las formas estructurales es una perspectiva que se utiliza en arquitectura y diseño estructural para comprender cómo los materiales, incluida la madera, pueden influir en el comportamiento de una estructura.

---

4. Teoría de adaptación y evolución

 HILO CONDUCTOR

Juan y su equipo de carpintería estaban entusiasmados con su nuevo proyecto de restauración. Se interesaron por la evolución de las técnicas constructivas a lo largo de la historia. Querían entender cómo las estructuras de madera históricas se adaptaron a las cambiantes necesidades y condiciones a lo largo de los años. Esto incluyó el estudio de las modificaciones realizadas a lo largo de la vida útil de estas estructuras y cómo respondieron a cambios en la carga, el uso y las condiciones climáticas.

A medida que avanzaba el tiempo, las técnicas constructivas y los sistemas de diseño de las estructuras de madera históricas también evolucionaron. Nuevos métodos de unión, como el uso de clavos y tornillos, comenzaron a ser más comunes, lo que aportó estructuras más grandes y complejas. Sin embargo, muchas de las técnicas tradicionales siguieron siendo utilizadas y adaptadas. Esta teoría sostiene que las estructuras de madera históricas han evolucionado y se han adaptado a lo largo del tiempo en respuesta a cambios en las necesidades y condiciones. Se estudian las modificaciones y agregados realizados a lo largo de la vida útil de la estructura para comprender cómo ha cambiado su forma y función con el tiempo.

Algunos de los **aspectos claves** de la teoría de la adaptación y evolución en las estructuras de madera históricas incluyen:

➲ **Cambios en la carga y uso.** Con el tiempo, las estructuras de madera históricas pueden haber experimentado cambios en las cargas que soportan y en la forma en que se utilizan. Por ejemplo, un edificio que originalmente se construyó para albergar una fábrica puede haber sido adaptado para su uso como vivienda. Estos cambios pueden haber requerido modificaciones en la estructura para asegurar su estabilidad y seguridad.

- **Reparaciones y mantenimiento.** A lo largo de su historia, las estructuras de madera históricas han sido objeto de reparaciones y mantenimiento constantes. Estos trabajos pueden haber incluido la sustitución de elementos dañados o deteriorados, la reparación de daños causados por insectos u hongos y la consolidación de las estructuras para garantizar su integridad.

- **Adaptación a las condiciones climáticas.** Las estructuras de madera históricas han estado expuestas a una variedad de condiciones climáticas a lo largo de los años. Para sobrevivir, estas estructuras pueden haber desarrollado mecanismos de adaptación, como cambios en la forma en que la madera se expande y contrae en respuesta a la humedad y la temperatura.

- **Aprendizaje de la experiencia.** Los constructores de épocas pasadas aprendieron de la experiencia y aplicaron técnicas que demostraron ser efectivas en la construcción de estructuras de madera. Este conocimiento se transmitió de generación en generación, lo que contribuyó a la mejora continua de las técnicas de construcción de madera.

 TAREA 5

Estás reparando un techo de madera de una casa señorial construida a finales del siglo XVIII. En un primer análisis de la estructura observas que una de las piezas de madera que la componen esta muy dañada y tendrás que sustituirla. Para ello, tendrás que elegir una madera con unas características físicas y mecánicas muy concretas.

¿Qué teoría de las que has aprendido en esta unidad deberás tener en cuenta para elegir la madera adecuada?

- -

5. Teoría de la conservación

☞ **HILO CONDUCTOR**

A medida que avanzaban en la restauración, Juan y su equipo encontraron capas de historia en la iglesia. Descubrieron reparaciones y modificaciones realizadas en el pasado, cada una contando una parte importante de la evolución de la estructura. En lugar de eliminar estas capas, las preservaron como parte integral de la historia del edificio. Para respaldar su trabajo, llevaron a cabo investigaciones científicas para comprender mejor los materiales y las técnicas de construcción utilizadas en la época en que se construyó la iglesia. Esto les permitirá tomar decisiones informadas y garantizar que su trabajo de restauración sea auténtico.

Con el tiempo, la iglesia restaurada se convirtió en un ejemplo de excelencia en conservación de estructuras de madera históricas. La comunidad local valoró profundamente el esfuerzo.

La **teoría de la conservación** de las estructuras de madera históricas se basa en principios y prácticas destinadas a preservar y proteger las estructuras de madera antiguas con el fin de mantener su integridad histórica y arquitectónica. La conservación se enfoca en prolongar la vida útil de estas estructuras, mientras se respeta su autenticidad y valor cultural.

Aquí hay algunos **aspectos clave** de la teoría de la conservación de las estructuras de madera históricas:

- ➲ **Integridad histórica.** La conservación prioriza la preservación de la integridad histórica de una estructura. Esto significa que se busca mantener las características y materiales originales tanto como sea posible. Las intervenciones de restauración y reparación se realizan con la intención de reflejar fielmente la apariencia y el diseño originales de la estructura.
- ➲ **Documentación exhaustiva.** Antes de emprender cualquier trabajo de conservación, es esencial realizar una documentación exhaustiva de la estructura. Esto incluye investigar la historia de la edificación, tomar fotografías detalladas, elaborar planos y diagramas, y recopilar muestras de materiales. Esta información sirve como referencia para las futuras intervenciones.
- ➲ **Conservación reversible.** Se da prioridad a las técnicas y materiales de conservación reversibles. Esto significa que cualquier trabajo realizado

en la estructura debe poder deshacerse sin dañar permanentemente la edificación. Esto permite que futuras generaciones puedan tomar decisiones informadas sobre la conservación.

- **Respeto por la autenticidad.** Se valora la autenticidad de las estructuras históricas. Esto implica mantener y preservar las capas de historia que pueden estar presentes en la estructura, como las reparaciones y modificaciones realizadas en el pasado. Estas capas de historia cuentan la historia de la evolución de la estructura.
- **Uso de técnicas tradicionales.** Cuando sea posible, se utilizan técnicas y materiales tradicionales en las intervenciones de conservación. Esto puede incluir el uso de madera de la misma especie y edad, así como técnicas de carpintería y construcción que sean consistentes con las prácticas históricas.
- **Investigación y análisis científico.** La conservación de estructuras de madera históricas a menudo implica la realización de investigaciones y análisis científicos para comprender mejor los materiales y las técnicas de construcción utilizadas en la época en que se construyó la estructura. Esto puede ayudar a guiar las decisiones de conservación.
- **Educación y divulgación.** La teoría de la conservación de estructuras de madera históricas también enfatiza la importancia de educar al público y a los profesionales sobre la importancia de la conservación y el cuidado de nuestro patrimonio arquitectónico.

 ## ACTIVIDAD COMPLEMENTARIA

5. Realiza una búsqueda en fuentes externas sobre empresas que se dediquen a la restauración y conservación de estructuras de madera antiguas. Recopila información sobre sus métodos de trabajo.

Busca, al menos, tres que tengan en cuenta alguna de las teorías que hemos aprendido en esta unidad.

6. Resumen

A lo largo de la historia, se han desarrollado diversas teorías y enfoques para comprender las estructuras de madera históricas, que son estudiadas por expertos en arquitectura, ingeniería y conservación del patrimonio. Estas teorías se centran en aspectos como la forma y las técnicas constructivas utilizadas en estas estructuras, así como en cómo se distribuyen las cargas y cómo han evolucionado con el tiempo. También se aborda la conservación de estas estructuras, priorizando la preservación de su integridad histórica y arquitectónica, la documentación exhaustiva antes de cualquier intervención, el uso de técnicas reversibles y el respeto por la autenticidad. Se promueve la educación y la investigación científica en este campo para garantizar la preservación adecuada de nuestro patrimonio arquitectónico.

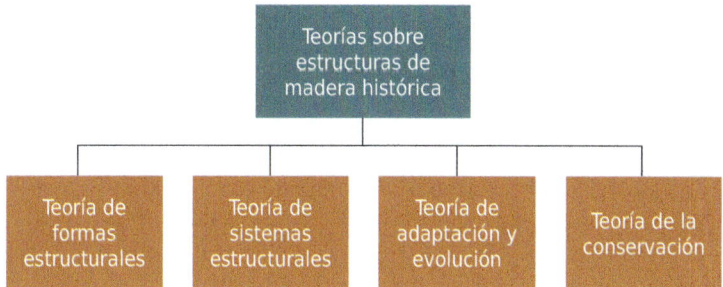

Ejercicios de autoevaluación
Unidad de Aprendizaje 5

1. Indica si la siguiente oración es verdadera o falsa: "La teoría de las formas estructurales se enfoca en cómo las estructuras de madera históricas han sido diseñadas y construidas a lo largo de la historia".

   ■ Verdadero
   ■ Falso

2. ¿Qué aspecto estudia la teoría de las formas estructurales en madera?

   a. Aspectos estéticos de las estructuras.
   b. Técnicas constructivas modernas.
   c. Forma y diseño de las estructuras relacionadas con su desempeño estructural.
   d. Historia de la arquitectura en madera.

3. Indica si la siguiente oración es verdadera o falsa: "La teoría de las formas estructurales en madera se centra en aspectos estéticos más que en la funcionalidad de las estructuras".

   ■ Verdadero
   ■ Falso

4. ¿Cuál es uno de los aspectos clave de la teoría de adaptación y evolución en las estructuras de madera históricas?

   a. Cambios en la forma de construir con acero.
   b. Cambios en la carga y uso a lo largo del tiempo.
   c. Cambios en la composición química de la madera.
   d. Cambios en la tecnología de la construcción.

5. Indica si la siguiente oración es verdadera o falsa: "La conservación de estructuras de madera históricas prioriza la preservación de la integridad histórica de una estructura".

   ■ Verdadero
   ■ Falso

6. **¿Por qué es importante realizar una documentación exhaustiva antes de emprender trabajos de conservación?**

   a. Para solicitar subvenciones gubernamentales.
   b. Para tomar fotografías artísticas de la estructura.
   c. Para servir como referencia en futuras intervenciones.
   d. Para obtener permisos de construcción.

7. **Indica si la siguiente oración es verdadera o falsa: "En la teoría de adaptación y evolución en las estructuras de madera históricas, se consideran los cambios en las cargas y el uso a lo largo del tiempo".**

   ■ Verdadero
   ■ Falso

8. **¿Qué significa que las intervenciones de conservación sean reversibles?**

   a. Que se pueden deshacer sin dañar permanentemente la edificación original.
   b. Que se deben realizar en reversa, comenzando desde el techo hacia abajo.
   c. Que son muy costosas y difíciles de llevar a cabo.
   d. Que se realizan únicamente en el exterior de la estructura.

9. **Indica si la siguiente oración es verdadera o falsa: "La teoría de la conservación de estructuras de madera históricas enfatiza el uso de técnicas y materiales modernos en las intervenciones de conservación".**

   ■ Verdadero
   ■ Falso

10. **¿Cuál es uno de los objetivos de la teoría de la conservación de estructuras de madera históricas?**

    a. Modernizar y actualizar las estructuras antiguas.
    b. Preservar la integridad histórica y arquitectónica.
    c. Reemplazar todos los materiales originales con nuevos.
    d. Ignorar las capas de historia presentes en la estructura.

Principales propiedades físicas y mecánicas de la madera

Contenido

Objetivos

El objetivo general de esta Unidad de Aprendizaje es:

→ Distinguir las propiedades físicas y mecánicas de la madera.

Los objetivos específicos de esta Unidad de Aprendizaje son:

→ Analizar las propiedades físicas de la madera.

→ Analizar las propiedades mecánicas de la madera.

→ Evaluar la relevancia de estas propiedades en diversas aplicaciones de ingeniería y construcción.

1. Introducción

La madera es un material versátil y ampliamente utilizado en diversas aplicaciones, desde la construcción hasta la fabricación de muebles y objetos decorativos. Su historia se remonta a miles de años, siendo uno de los recursos naturales más antiguos aprovechados por el ser humano. Su popularidad se debe, en gran parte, a su disponibilidad, facilidad de manejo y atractiva estética.

A lo largo de la historia, la madera ha sido fundamental en la creación de estructuras arquitectónicas icónicas y obras de arte, demostrando su capacidad para combinar funcionalidad y belleza.

Este recurso natural tiene una relación única con la cultura y la tradición en muchas partes del mundo, y su sostenibilidad se ha convertido en un tema central en la conversación global sobre la conservación del medioambiente. A medida que exploramos la madera en profundidad, es importante reconocer su significado histórico y cultural, así como su papel en la sociedad moderna y su importancia en la preservación de nuestros bosques y recursos naturales.

En este contexto, analizaremos algunos aspectos fundamentales de la madera que la hacen tan apreciada en diferentes sectores. A lo largo de esta unidad, conoceremos su composición, origen y procesamiento, así como su contribución a la sostenibilidad y su papel en la cultura y la historia humana.

Para ayudarnos a comprender mejor estos aspectos seguiremos analizando el caso de la carpintería La Atarazana en un nuevo proyecto.

2. Propiedades físicas de la madera

 HILO CONDUCTOR

Juan y su equipo han recibido un encargo peculiar. Un cliente necesita construir una sauna para su pequeño hotel de montaña. Sin perder tiempo comienzan a estudiar el proyecto. Sin duda deben elegir muy bien el tipo de madera que utilizaran y, para ello, estudian las propiedades físicas de diferentes tipos de maderas teniendo en cuenta factores como la conductividad térmica, la higroscopicidad, la textura y la apariencia.

Las propiedades físicas de la madera se refieren a las características que describen su estructura, apariencia y comportamiento físico. Estas propiedades pueden variar según la especie de madera y su grado de procesamiento. Algunas de las **propiedades físicas** más importantes de la madera incluyen:

- **Densidad:** la densidad de la madera varía según la especie y la humedad, pero, en general, es más ligera que muchos otros materiales de construcción, lo que facilita su manejo y transporte.
- **Resistencia:** la madera tiene una buena resistencia en relación a su peso. Esto significa que puede soportar cargas significativas sin romperse ni deformarse excesivamente. Sin embargo, la resistencia varía según la especie y la calidad de la madera.
- **Elasticidad:** la madera es un material elástico, lo que significa que puede deformarse bajo carga y recuperar luego su forma original cuando se elimina la carga. Esta propiedad la hace ideal para aplicaciones como vigas y columnas.
- **Conductividad térmica:** la madera es un aislante térmico natural y no conduce bien el calor. Esto la hace útil en la construcción de estructuras que requieren aislamiento térmico.
- **Durabilidad:** la durabilidad de la madera depende de la especie y del tratamiento que reciba. Algunas maderas, como el cedro y el roble, son naturalmente resistentes a la manipulación y los insectos, mientras que otras pueden requerir tratamientos químicos para mejorar su durabilidad.
- **Higroscopicidad:** la madera tiene la capacidad de absorber y liberar humedad del ambiente. Esto puede llevar a cambios dimensionales en la madera a medida que absorbe o libera humedad, lo que debe tenerse en cuenta en aplicaciones de carpintería y construcción.
- **Textura y apariencia:** la madera tiene una amplia variedad de colores, vetas y texturas, lo que la hace atractiva para fines estéticos en muebles y acabados de interiores y exteriores.
- **Facilidad de trabajo:** la madera es un material que se puede cortar, tallar, lijar y unir de manera relativamente sencilla con herramientas de carpintería. Esta propiedad la hace muy versátil en aplicaciones de construcción y diseño.
- **Flotabilidad:** la mayoría de las maderas flotan en el agua, debido a su baja densidad, lo que las hace útiles en aplicaciones marítimas, como la construcción de embarcaciones.

 **TAREA 6**

Te han encargado un nuevo proyecto de carpintería. Se trata de unas puertas de calle que van a ser instaladas en una ciudad muy lluviosa. Además, el cliente quiere que las puertas tengan un emblema familiar tallado en cada hoja.

¿Qué propiedades físicas de la madera deberás observar con especial atención antes de elegirla?

----

3. Propiedades mecánicas de la madera

 HILO CONDUCTOR

Una vez estudiadas las propiedades físicas de la madera, Juan y su equipo no pueden olvidar tener en cuenta para su proyecto de la sauna las propiedades mecánicas de la madera y factores como la resistencia a la flexión para la construcción del techo, a la fatiga, pues mucha gente se sentará en sus bancos de madera, así como a las propias del trabajo en el taller, como la resistencia al corte paralelo y perpendicular a las fibras.

Con toda esta información no cabe duda de que Juan y su equipo realizarán un trabajo excelente y el cliente quedará satisfecho con el resultado.

Las propiedades mecánicas de la madera se refieren a cómo la madera responde a las fuerzas y cargas mecánicas. Estas son fundamentales para determinar la idoneidad de la madera en diversas aplicaciones de ingeniería y construcción. Las **propiedades mecánicas** clave de la madera incluyen:

➲ **Resistencia a la compresión axial.** La resistencia a la compresión axial se refiere a la capacidad de la madera para soportar cargas que tienden a comprimirla a lo largo de su grano. La madera es fuerte en compresión axial, pero la resistencia varía según la especie y la densidad de la madera.

- **Resistencia a la tracción axial.** La resistencia a la tracción axial es la capacidad de la madera para resistir fuerzas que tienden a estirarla a lo largo de su grano. La madera es más débil en tracción axial que en compresión axial.

- **Resistencia a la flexión.** La resistencia a la flexión mide la capacidad de la madera para doblarse. Esta propiedad es importante en vigas y elementos estructurales. La madera es más fuerte en flexión cuando se carga en la dirección de las fibras.

- **Resistencia al corte paralelo a las fibras.** La resistencia al corte paralelo a las fibras se refiere a la capacidad de la madera para resistir fuerzas que intentan cortarla a lo largo de su grano. Esta propiedad es relevante en aplicaciones de unión y carpintería.

- **Resistencia al corte perpendicular a las fibras.** La resistencia al corte perpendicular a las fibras mide la capacidad de la madera para resistir fuerzas que intentan cortarla a través de las fibras. Es importante en uniones y conexiones.

- **Módulo de elasticidad.** El módulo de elasticidad, también conocido como módulo de Young, es una medida de la rigidez de la madera. Indica cuánto se deforma la madera cuando se le aplica una carga y se libera. Una madera con un módulo de elasticidad alto es más rígida.

- **Dureza.** La dureza se refiere a la resistencia de la madera a ser rayada o penetrada por un objeto duro. La dureza varía según la especie y la densidad de la madera.

- **Tenacidad.** La tenacidad mide la capacidad de la madera para absorber energía antes de fracturarse. Una madera tenaz puede resistir mejor cargas de impacto.

- **Fatiga.** La madera puede sufrir fatiga, si está sujeta a cargas cíclicas a lo largo del tiempo. La resistencia a la fatiga es importante en aplicaciones donde la madera está expuesta a cargas variables, como puentes y estructuras móviles.

- **Anisotropía.** La madera es un material anisotrópico, lo que significa que sus propiedades mecánicas varían según la dirección en la que se aplique la carga. Es más fuerte a lo largo de las fibras que perpendicularmente a ellas.

En general, la madera es más fuerte y resistente a la compresión a lo largo de las fibras (dirección longitudinal) que a través de las fibras (dirección radial u horizontal). Esto se debe a la disposición de las fibras de celulosa en la estructura de la madera, que proporciona una mayor cohesión en la dirección longitudinal.

Esta propiedad anisotrópica es fundamental en la industria de la construcción y la carpintería, ya que los ingenieros y diseñadores deben considerar cuidadosamente la orientación de la madera al diseñar estructuras para aprovechar al máximo sus propiedades mecánicas.

Es importante destacar que estas propiedades mecánicas varían según la especie de madera, la humedad, la edad del árbol y el procesamiento. Por lo tanto, es esencial seleccionar la madera adecuada en función de las necesidades específicas de cada proyecto.

RECUERDA

Elegir la madera adecuada implica entender sus necesidades, investigar las opciones disponibles y tomar una decisión informada que se adapte al proyecto y presupuesto. La paciencia y la consideración son clave para garantizar el éxito del proyecto de carpintería o construcción.

Para trabajar la madera es importante conocer sus propiedades mecánicas y así poder elegir bien las herramientas.

APLICACIÓN PRÁCTICA

¿Qué propiedad mecánica de la madera se refiere a su capacidad de absorber energía antes de fracturarse?

Continúa en página siguiente >>

<< Viene de página anterior

Solución

La tenacidad de la madera se refiere a su capacidad para resistir la deformación y fractura bajo cargas o impactos. Es una propiedad importante que determina la resistencia de la madera a la rotura o a la propagación de grietas cuando está sometida a esfuerzos mecánicos.

 ACTIVIDAD COMPLEMENTARIA

6. Haz una búsqueda en fuentes externas de, al menos, tres proyectos importantes de construcciones que han utilizado la madera como material principal. Detalla en cada uno qué propiedad física o mecánica de la madera tiene más relevancia según lo que has aprendido.

---

4. Resumen

La madera es un material con una rica historia que se ha utilizado en diversas aplicaciones a lo largo de milenios. Su versatilidad y atractiva estética la han convertido en un recurso ampliamente apreciado. Ha desempeñado un papel fundamental en la creación de estructuras icónicas y obras de arte, combinando funcionalidad y belleza.

A lo largo de este texto, se exploran aspectos clave de la madera, desde su composición y origen hasta su procesamiento y sus propiedades físicas y mecánicas. Estas propiedades varían según la especie de madera, la humedad y otros factores, lo que hace que la elección de la madera adecuada sea esencial para satisfacer las necesidades específicas de cada proyecto.

Propiedades físicas	Propiedades mecanicas
- Densidad - Resistencia - Elasticidad - Conductividad térmica - Conductividad eléctrica - Durabilidad - Higroscopicidad - Textura y apariencia - Facilidad de trabajo - Flotabilidad	- Resistencia a la compresión axial - Resistencia a la tracción axial - Resistencia a la flexión - Resistencia al corte paralelo a las fibras - Resistencia al corte perpendicular a las fibras - Módulo de elasticidad - Dureza - Tenacidad - Fatiga - Anisotropía

Ejercicios de autoevaluación
Unidad de Aprendizaje 6

1. Indica si la siguiente oración es verdadera o falsa: "La madera es un material que conduce bien el calor".

   ■ Verdadero
   ■ Falso

2. ¿Cuál de las siguientes propiedades mecánicas de la madera es importante en vigas y elementos estructurales?

   a. Elasticidad
   b. Densidad
   c. Resistencia al corte paralelo a las fibras
   d. Resistencia a la flexión

3. Indica si la siguiente oración es verdadera o falsa: "La madera es un aislante eléctrico".

   ■ Verdadero
   ■ Falso

4. ¿Cuál de las siguientes propiedades físicas es característica de la madera?

   a. Alta conductividad térmica
   b. Buena conductividad eléctrica
   c. Baja densidad
   d. Alta resistencia a la tracción axial

5. Indica si la siguiente oración es verdadera o falsa: "La resistencia a la tracción axial de la madera es mayor que la resistencia a la compresión axial".

   ■ Verdadero
   ■ Falso

6. ¿Qué propiedad de la madera la hace útil en aplicaciones eléctricas?

   a. Elasticidad
   b. Higroscopicidad
   c. Conductividad térmica
   d. Conductividad eléctrica

7. Indica si la siguiente oración es verdadera o falsa: "La madera es un material anisotrópico".

   ■ Verdadero
   ■ Falso

8. ¿Qué propiedad de la madera la hace resistente a cargas significativas sin romperse ni deformarse excesivamente?

   a. Elasticidad
   b. Resistencia a la tracción axial
   c. Conductividad eléctrica
   d. Resistencia

9. Indica si la siguiente oración es verdadera o falsa: "Todas las maderas flotan en agua, debido a su baja densidad".

   ■ Verdadero
   ■ Falso

10. ¿Cuáles de las siguientes propiedades de la madera pueden llevar a cambios dimensionales a medida que absorben o liberan humedad del ambiente?

   a. Flotabilidad
   b. Tenacidad
   c. Higroscopicidad
   d. Durabilidad

Productos de la madera en la construcción y rehabilitación. Características técnicas

Contenido

Objetivos

El objetivo general de esta Unidad de Aprendizaje es:

→ Conocer los productos de la madera en la construcción y rehabilitación.

Los objetivos específicos de esta Unidad de Aprendizaje son:

→ Aprender cuáles son las aplicaciones de los productos de la madera utilizados en la construcción y la rehabilitación.

→ Analizar las principales características técnicas de los productos de la madera utilizados en la construcción y la rehabilitación.

→ Aprender a elegir el mejor producto de la madera en función de las necesidades.

1. Introducción

Los productos de madera desempeñan un papel fundamental en la construcción y rehabilitación de edificaciones. La madera es un material versátil y sostenible que ha sido utilizado a lo largo de la historia en una amplia variedad de aplicaciones arquitectónicas. Desde vigas y columnas hasta revestimientos y pisos, la madera ofrece cualidades únicas que la convierten en una elección popular en la industria de la construcción.

Su resistencia estructural, peso ligero, durabilidad y capacidad de aislamiento la hacen ideal para una amplia gama de proyectos. Además, la madera es renovable y contribuye a la reducción de la huella de carbono en la construcción, lo que la convierte en una opción ecoamigable en un mundo cada vez más enfocado en la sostenibilidad.

En este contexto, exploraremos en detalle los diversos productos de madera utilizados en la construcción y rehabilitación, así como sus beneficios y aplicaciones en la creación y renovación de espacios habitables y funcionales.

A continuación, veremos cómo La Atarazana se adapta a su tiempo incorporando nuevos productos de la madera.

2. Productos de la madera en la construcción y rehabilitación

 **HILO CONDUCTOR**

La carpintería La Atarazana no se limita a productos de madera tradicionales, también ofrecen opciones como la madera laminada, para proyectos que requieren una mayor resistencia. Esto demuestra su capacidad de adaptación y su disposición para explorar nuevas soluciones para satisfacer las necesidades cambiantes de sus clientes.

- -

Los productos de la madera se han convertido en materiales imprescindibles en proyectos que requieren dimensiones y formas que la madera convencional no puede proporcionar. Gracias a nuevos adhesivos y tratamientos se obtienen productos que aportan soluciones eficaces y creativas a diseñadores y constructores.

Aquí tienes una lista de algunos productos de madera utilizados en la construcción y rehabilitación:

- **Madera aserrada.** La madera aserrada es la forma más común de madera utilizada en la construcción. Se obtiene al cortar troncos en tablones o tablas.
- **Tableros de madera contrachapada.** Los tableros de madera contrachapada son paneles compuestos por varias capas delgadas de madera, también se les conoce como madera terciada. Estas capas se llaman chapas y se unen alternando la dirección de las fibras de la madera vertical y horizontalmente para aumentar su resistencia. Son muy resistentes a la torsión y la flexión y, a pesar de ello, son más ligeros que la madera maciza.
- **Madera laminada.** La madera laminada se fabrica al pegar juntas varias capas de madera con adhesivos de alta resistencia. Esto aumenta su resistencia y permite crear formas curvas. Son muy fuertes y se utilizan en aplicaciones estructurales, como vigas principales y columnas.
- **Vigas de madera.** Las vigas de madera son elementos de una estructura cuyo fin es soportar cargas tanto verticales como horizontales, distribuyendo el peso de manera uniforme a lo largo de toda la estructura. Existen varios tipos de vigas, de madera maciza, de madera laminada, vigas de madera contralaminada (CLT). Su elección depende de factores como la carga a soportar, su longitud, la regulación legal o los deseos del diseñador.
- **Tableros de partículas y fibras MDF.** Estos tableros se fabrican a partir de partículas de madera o fibras de madera unidas con adhesivos. Son ideales para aplicaciones en las que se necesita una superficie plana y lisa, como armarios y muebles.
- **Madera maciza para acabados.** La madera maciza se utiliza para detalles arquitectónicos y acabados interiores, como molduras, zócalos y escaleras. Tiene una apariencia natural y cálida.
- **Revestimientos de madera.** Los revestimientos de madera son paneles o láminas de madera que se utilizan para cubrir las superficies interiores o exteriores de un edificio con el propósito de mejorar la estética, proporcionar aislamiento térmico y acústico, y proteger la estructura. Estos revestimientos pueden ser de madera maciza, madera contrachapada, madera laminada o productos de madera compuesta.
- **Madera tratada.** La madera tratada es un tipo de madera que ha sido sometida a un proceso de tratamiento químico con el fin de mejorar sus propiedades y hacerla más resistente a los efectos de la humedad, los insectos, la putrefacción y otros factores que pueden dañar la madera de forma natural. Este proceso de tratamiento hace que la madera sea más duradera y adecuada para una variedad de aplicaciones, especialmente en entornos exteriores o húmedos.

Es importante que el diseño y la instalación de las vigas de madera se realicen de acuerdo con las normativas y los códigos de construcción.

Es importante destacar que el uso de la madera en la construcción debe cumplir con regulaciones y estándares locales de construcción y seguridad para garantizar la seguridad y la durabilidad de las estructuras.

 SABÍAS QUE...

Los tableros de partículas, llamados también tableros de aglomerado, se empezaron a fabricar en la década de 1940 en Estados Unidos. Fueron desarrollados como una forma de utilizar de manera eficiente los residuos de madera, aserrín y virutas de madera.

- -

 TAREA 7

Tienes un salón muy grande y has decidido dividirlo en dos estancias más pequeñas. Quieres hacer una pared que tenga la calidez de la madera y rematarla con unas molduras.

¿Qué materiales debes comprar en el almacén de maderas y por qué?

- -

3. Características técnicas

☞ HILO CONDUCTOR

A la hora de elegir productos de madera para la construcción y rehabilitación, Juan y su equipo tienen muy en cuenta sus características técnicas. Cada especie de madera tiene las suyas propias y cada proyecto requiere de unas muy específicas. Tras una dilatada experiencia, ha aprendido a escoger muy bien cada producto para que cumpla su función práctica y estética.

La madera posee unas características técnicas que la hacen un material muy apreciado tanto en construcción como en rehabilitación y en otros muchos aspectos de nuestra vida cotidiana, desde papel hasta cubiertos de madera. En comparación con otros materiales, ofrece ciertas ventajas nada desdeñables. Si comparamos su resistencia con el acero, la madera es menos densa y, por lo tanto, generalmente, menos resistente que el acero en términos de carga y tensión. Sin embargo, la madera es fuerte en relación con su peso y puede ser adecuada para muchas aplicaciones estructurales. Por ello, es importante conocer todas estas características técnicas y así tomar decisiones informadas.

La madera es un material versátil que permite hacer realidad cualquier idea.

 **RECUERDA**

Se debe utilizar la madera de manera responsable. La madera es un recurso valioso que desempeña un papel fundamental en nuestras vidas, desde muebles hasta papel y energía, la madera está presente de muchas formas en nuestra cotidianidad. Sin embargo, su explotación irresponsable puede tener graves consecuencias para el medioambiente y para las generaciones futuras.

3.1. Características

A continuación, veremos las **características técnicas** más comunes de los productos de la madera en la construcción y rehabilitación:

Resistencia
- La madera es un material resistente y puede soportar cargas considerables cuando se utiliza adecuadamente en la estructura.

Aislamiento térmico y acústico
- La madera tiene propiedades naturales de aislamiento térmico y acústico, lo que la hace útil en aplicaciones donde se requiere una buena eficiencia energética y reducción de ruido.

Sostenibilidad
- La madera es un material renovable y sostenible cuando se maneja de manera responsable y proviene de fuentes certificadas.

Versatilidad
- La madera se puede cortar y dar forma fácilmente para adaptarse a diversas necesidades de diseño.

Estabilidad dimensional
- Aunque la madera puede expandirse y contraerse con cambios en la humedad y la temperatura, su estabilidad dimensional es adecuada cuando se instala correctamente.

Durabilidad
- La durabilidad de la madera puede mejorarse mediante tratamientos químicos o utilizando especies resistentes a la revisión.

Los productos de la madera ofrecen posibilidades adicionales en comparación a otros materiales utilizados en construcción y rehabilitación. Sus características técnicas genuinas o mejoradas en los procesos de fabricación, hacen de estos productos una solución óptima en proyectos de construcción y rehabilitación. Además, su uso sostenible contribuye a la conservación del medioambiente, y su apariencia natural añade un toque estético cálido a las estructuras. La madera se adapta a diversas aplicaciones y puede ser tratada para mejorar su desempeño en condiciones específicas, como la resistencia a la humedad y los insectos. Su fácil manipulación facilita la construcción y permite una amplia variedad de diseños arquitectónicos.

 **APLICACIÓN PRÁCTICA**

En la fabricación de un porche exterior se necesita soportar el peso del tejado que lo cubre. ¿Qué tipo de madera es ideal para aplicaciones estructurales, como vigas principales y columnas?

Solución

La madera laminada se utiliza en aplicaciones estructurales, como vigas principales y columnas, debido a su resistencia y capacidad para crear formas curvas.

 ACTIVIDAD COMPLEMENTARIA

7. Realiza una búsqueda en fuentes externas para encontrar proyectos de construcción o rehabilitación en los que se hayan utilizado productos de la madera. Encuentra, al menos, tres.

   Describe en cada caso qué material o materiales se han utilizado y qué características técnicas posee.

4. Resumen

Los productos de madera han cambiado el modelo de carpintería tradicional. Su utilización se ha extendido gracias a la gran variedad de estos que ofrece el mercado, aportando respuestas a problemas de diseño, formas y dimensiones que se plantean en cada proyecto. Ofrecen una serie de características técnicas que, en ocasiones, superan las ofrecidas por la madera como, por ejemplo, la estabilidad dimensional en tableros de fibras o contrachapados, la resistencia a la deformación en el caso de vigas laminadas, mejor resistencia a agentes externos en la madera tratada, etc. Gracias a la investigación y a la tecnología siguen apareciendo nuevos productos que aportan nuevas soluciones a nuevos retos. Su capacidad de ser esculpida y adaptada a diseños específicos la convierte en una elección popular tanto para elementos estructurales como decorativos. Los productos de madera son esenciales en la construcción y rehabilitación, brindando soluciones técnicas y sostenibles para una variedad de proyectos.

En resumen, la madera en la construcción y rehabilitación ofrece una serie de ventajas técnicas y ambientales, lo que la convierte en una elección valiosa para una gran variedad de aplicaciones arquitectónicas.

Productos de la madera en la construcción y rehabilitación	Características técnicas
- Madera aserrada - Tableros de madera contrachapada - Madera laminada - Vigas de madera - Tableros de partículas y fibras MDF - Madera maciza para acabados - Revestimientos de madera - Madera tratada	- Resistencia - Aislamiento térmico y acústico - Sostenibilidad - Versatilidad - Estabilidad dimensional - Durabilidad

Ejercicios de autoevaluación
Unidad de Aprendizaje 7

1. Indica si la siguiente oración es verdadera o falsa: "La madera aserrada es la forma más común de madera utilizada en la construcción".

   ■ Verdadero
   ■ Falso

2. ¿Qué tipo de madera se utiliza principalmente en la construcción de techos, suelos y paredes?

   a. Madera laminada
   b. Madera maciza para acabados
   c. Madera tratada
   d. Tableros de madera contrachapada

3. Indica si la siguiente oración es verdadera o falsa: "La madera laminada se utiliza principalmente en aplicaciones no estructurales, como armarios y muebles".

   ■ Verdadero
   ■ Falso

4. ¿Qué tipo de madera se utiliza para soportar cargas verticales y distribuirlas uniformemente en una construcción?

   a. Madera tratada
   b. Tableros de madera contrachapada
   c. Vigas de madera
   d. Madera maciza para acabados

5. Indica si la siguiente oración es verdadera o falsa: "Los revestimientos de madera se utilizan para mejorar la estética, proporcionar aislamiento térmico y acústico, y proteger la estructura de un edificio".

   ■ Verdadero
   ■ Falso

6. ¿Cuál es una de las características técnicas de la madera que la hace útil en aplicaciones donde se requiere una buena eficiencia energética y reducción de ruido?

   a. Sostenibilidad
   b. Versatilidad
   c. Aislamiento térmico y acústico
   d. Durabilidad

7. Indica si la siguiente oración es verdadera o falsa: "La madera tratada es más resistente a la humedad, los insectos y la putrefacción debido a un proceso químico".

   ■ Verdadero
   ■ Falso

8. ¿Qué tipo de madera se utiliza para mejorar su resistencia al fuego, la humedad y los insectos?

   a. Madera laminada
   b. Tableros de partículas y fibras MDF
   c. Madera maciza para acabados
   d. Madera tratada

9. Indica si la siguiente oración es verdadera o falsa: "La madera es un material renovable y sostenible cuando se maneja de manera responsable y proviene de fuentes certificadas".

   ■ Verdadero
   ■ Falso

10. ¿Qué ventaja principal ofrece la madera en la construcción y rehabilitación, según el texto?

   a. Resistencia estructural
   b. Peso ligero
   c. Durabilidad
   d. Todas las opciones son correctas.

Daños, ataques y patologías de la madera

Contenido

Objetivos

El objetivo general de esta Unidad de Aprendizaje es:

→ Identificar los principales tipos de daños, ataques y patologías que afectan a la madera.

Los objetivos específicos de esta Unidad de Aprendizaje son:

→ Comprender las causas subyacentes de los principales problemas que afectan a la madera.

→ Evaluar las medidas preventivas y correctivas para mantener la madera en buen estado.

→ Aplicar los conocimientos adquiridos para prevenir y abordar problemas relacionados con la madera en contextos prácticos.

1. Introducción

La madera es un material orgánico y, como cualquier otro material de esta índole, está sujeta a una serie de problemas que pueden afectar su integridad y durabilidad a lo largo del tiempo.

Desde el comienzo de la utilización de la madera como material de construcción, estos problemas han traído de cabeza a los constructores y carpinteros. En las civilizaciones antiguas, como la egipcia, griega o romana, se encontraron evidencias de que se aplicaban ciertos tratamientos de preservación, como el uso de aceites y resinas para proteger la madera de los elementos. Con el avance de la tecnología y la industrialización, surgieron investigaciones más sistemáticas sobre los problemas de la madera. Se desarrollaron tratamientos químicos, como la creosota, para proteger la madera de la pudrición y los insectos.

Su estudio y solución, gracias a siglos de observación, han permitido que muchas construcciones y objetos de madera lleguen hasta nuestros días en un buen estado de conservación.

A lo largo de esta unidad, analizaremos en detalle cada uno de estos problemas, intentando comprender las causas que los originan. Estudiaremos métodos de prevención y estrategias para abordarlos de manera efectiva. El conocimiento de estos problemas y cómo gestionarlos es crucial para mantener la madera en buen estado y alargar su vida útil en una gran variedad de aplicaciones.

Juan y su equipo de La Atarazana nos ayudarán de una manera práctica a comprender y solucionar los daños, ataques y patologías de la madera.

2. Insectos xilófagos

 HILO CONDUCTOR

Es importante que Juan y su equipo estén al tanto de los posibles riesgos que los insectos xilófagos pueden representar para sus proyectos y productos. Han de tomar medidas preventivas para proteger la madera que utilizan en sus construcciones. Esto podría incluir la selección de maderas que sean naturalmente

Continúa en página siguiente >>

<< Viene de página anterior

resistentes a los insectos xilófagos o la aplicación de tratamientos químicos protectores. La inspección regular de la madera en el taller y la identificación temprana de agujeros, excrementos u otros signos de infestación son tareas que deben llevar acabo frecuentemente. Si se detecta una infestación, Juan y su equipo deben actuar para controlarla de manera efectiva. Esto podría implicar la eliminación de la madera infestada, la aplicación de tratamientos químicos adecuados o la consulta con profesionales de control de plagas.

Los **insectos xilófagos** son aquellos que se alimentan de la madera, ya sea consumiendo la celulosa y la lignina que componen este material o excavando galerías en su interior. Estos insectos pueden causar daños significativos en estructuras de madera y productos de madera, lo que, a menudo, resulta en pérdidas económicas y daños estructurales irreparables.

 **NOTA**

La presencia de insectos xilófagos puede ser difícil de detectar inicialmente, ya que, a menudo, se esconden en el interior de la madera.

Los signos de infestación pueden incluir la presencia de pequeños agujeros en la madera, excrementos de insectos, polvo fino (llamado *frass)* cerca de los agujeros y, en casos graves, debilitamiento estructural.

La prevención y el control de los insectos xilófagos, a menudo, implican la aplicación de tratamientos químicos, la eliminación de la madera infestada y la adopción de prácticas de construcción y almacenamiento adecuadas para evitar futuras infestaciones.

Aquí tienes algunos **tipos de insectos xilófagos** comunes:

- ⊃ **Cucarachas de la madera.** Este tipo de cucarachas también pueden dañar la madera al excavar galerías para hacer nidos.
- ⊃ **Gorgojos de la madera.** Los gorgojos de la madera son pequeños escarabajos que se alimentan de la madera y depositan sus huevos en ella. Las larvas causan daño al excavar galerías en la madera.

- **Termitas.** Las termitas son uno de los insectos xilófagos más destructivos. Se alimenta de la celulosa de la madera y pueden dañar seriamente las estructuras de madera y muebles por su voracidad. Las termitas subterráneas y las de madera seca son dos de las especies más problemáticas.
- **Carcomas.** Las carcomas, también conocidas como escarabajos barrenadores de madera, son insectos que ponen sus huevos en la madera. Las larvas se alimentan de la madera mientras crecen, creando galerías que debilitan la estructura.
- **Hormigas carpinteras.** Estas hormigas excavan galerías en la madera para construir sus nidos. Aunque no comen la madera, pueden dañarla significativamente, debido a su actividad de excavación.
- **Polillas de la madera.** Algunas especies de polillas, como la de la madera, pueden dañarla al poner sus huevos en grietas y superficies rugosas, lo que resulta en larvas que excavan galerías mientras se alimentan.

NOTA

El ataque de insectos xilófagos es el principal enemigo de la madera causando daños, en ocasiones, irreparables.

Madera dañada por insectos xilófagos

APLICACIÓN PRÁCTICA

Imagina que eres un arquitecto que estás trabajando en la restauración de una antigua mansión de estilo victoriano. Durante la inspección inicial, notas que la madera de las vigas del techo parece estar en mal estado y que hay pequeños agujeros visibles en algunas áreas. También encuentras un polvo fino cerca de estos agujeros. ¿Qué podría estar causando los agujeros en la madera del techo y el polvo fino cerca de ellos en esta mansión victoriana que estás restaurando?

Solución

Las polillas de la madera pueden dañar significativamente la madera y debilitar la estructura, provocando un riesgo alto de derrumbe si se trata de termitas, lo que podría requerir tratamientos químicos y medidas de control de plagas para abordar el problema.

---

3. Hongos y podredumbre

☞ HILO CONDUCTOR

Dado que Juan y su equipo de la carpintería La Atarazana son expertos en la madera y su conservación, es probable que estén bien preparados para lidiar con problemas como los hongos y la podredumbre de la madera en sus proyectos. Por ello, realizan la aplicación de tratamientos preventivos a la madera antes de su uso. Dependiendo del proyecto utilizan productos químicos protectores, pinturas, selladores u otros recubrimientos que sean resistentes a los hongos y la humedad.

Los **hongos** y la **podredumbre** de la madera son problemas comunes que afectan a la madera en diversas aplicaciones, como la construcción, la carpintería y la jardinería.

DEFINICIÓN

Hongos
Organismos microscópicos que pueden descomponer la madera y causar daños significativos, si no se tratan adecuadamente.

Podredumbre
Término general que se utiliza para describir el daño y deterioro de la madera causado por diversos tipos de hongos.

A continuación, se exponen algunos de los **tipos de podredumbre de la madera** y cómo se pueden prevenir:

Podredumbre parda	- La podredumbre parda es causada por hongos del género *Serpula* y se caracteriza por su color marrón y textura quebradiza. Este tipo de podredumbre tiende a afectar la madera húmeda y puede ser difícil de tratar una vez que se ha establecido. Para prevenir la podredumbre parda, es importante mantener la madera seca y protegida de la humedad.
Podredumbre blanca	- La podredumbre blanca es causada por hongos del género *Trametes* y se caracteriza por su color blanco y textura fibrosa. Esta forma de podredumbre de la madera suele afectar a la madera dura y seca. Para prevenir la podredumbre blanca, es importante evitar la exposición de la madera a la humedad y asegurarse de que esté bien ventilada.
Podredumbre cúbica	- La podredumbre cúbica es causada por hongos del género *Gloeophyllum* y se caracteriza por la formación de cubos pequeños en la madera afectada. Este tipo de podredumbre es más común en la madera de coníferas y suele ser un problema en la construcción. Para prevenir la podredumbre cúbica, se deben tomar medidas para evitar la acumulación de humedad en la madera y asegurarse de que esté protegida de la intemperie.

TAREA 8

Estás realizando un proyecto de carpintería exterior y debes aportar una lista de, al menos, tres medidas preventivas específicas que se pueden tomar para evitar problemas con insectos xilófagos y tres medidas para prevenir problemas de podredumbre de la madera.

Elabora la lista con las seis medidas.

---

4. Deformaciones, manchas y decoloración

 HILO CONDUCTOR

La experiencia y conocimiento acumulado por Juan y su equipo, en la carpintería La Atarazana, les permiten abordar problemas comunes de deformación, manchas y decoloración de la madera de manera eficiente y efectiva en sus proyectos de construcción y restauración. No solo se preocupan por la selección adecuada de la madera y la elección de productos de alta calidad, sino que también implementa prácticas preventivas y técnicas avanzadas para garantizar que la madera en sus proyectos conserve su belleza y funcionalidad. Su enfoque en la conservación y la calidad los ha convertido en expertos en el manejo de los desafíos comunes asociados con este valioso material natural.

La madera es un material natural que puede experimentar deformaciones, manchas y decoloración, debido a una variedad de factores. Para prevenir y tratar estos problemas en la madera, es importante tomar medidas de cuidado y mantenimiento adecuados, como sellar, barnizar o pintar la madera, evitar la exposición excesiva a la humedad y la luz solar y limpiar las manchas de inmediato. También es útil seguir las recomendaciones del fabricante de productos de tratamiento de madera y realizar inspecciones regulares para abordar cualquier problema a tiempo. A continuación, se te proporciona información sobre estos **problemas comunes:**

● **Deformaciones de la madera:**

◉ **Torcedura.** La madera puede torcerse cuando se seca de manera desigual o cuando está expuesta a cambios extremos de humedad y temperatura. Esto puede resultar en una forma curvada o torcida.

◉ **Giro.** El giro es similar a la torcedura, pero implica un giro alrededor de su eje longitudinal. Puede ser causado por tensiones internas o cambios en la humedad.

◉ **Encorvamiento.** La madera puede encorvarse, creando una forma arqueada. Esto, a menudo, es causado por una humedad desigual en la madera.

● **Manchas en la madera:**

◉ **Manchas de agua.** Las manchas de agua se producen cuando se derrama líquido sobre la madera y no se limpia de inmediato. Pueden dejar anillos o manchas blancas en la superficie.

◉ **Manchas de moho y hongos.** La madera húmeda en un ambiente oscuro es el caldo de cultivo para el moho y los hongos. Estos pueden dejar manchas de color negro, verde o marrón en la madera.

◉ **Manchas de aceite y grasa.** El aceite y la grasa pueden penetrar en la madera y dejar manchas difíciles de eliminar.

● **Decoloración de la madera:**

◉ **Decoloración UV.** La exposición prolongada a la luz solar directa puede decolorar la madera, haciendo que pierda su color natural y se vuelva grisácea o plateada.

◉ **Decoloración química.** Algunos productos químicos, como el blanqueador o los productos de limpieza fuertes, pueden decolorar la madera, si no se usan adecuadamente.

◉ **Decoloración por envejecimiento.** Con el tiempo, la madera puede volverse más opaca y perder parte de su color original debido a la exposición al aire y la luz.

NOTA

La invención de la primera pintura protectora para la madera con filtros ultravioleta es un desarrollo tecnológico que ha evolucionado con el tiempo y no tiene una fecha de invención específica. La protección de la madera contra la

Continúa en página siguiente >>

<< Viene de página anterior

radiación ultravioleta (UV) del sol es un desafío que se ha abordado gradualmente a lo largo de los años, a medida que se ha avanzado en la comprensión de los efectos dañinos de la radiación UV en la madera y otros materiales.

La madera se agrieta y deforma, debido a los cambios de temperatura y humedad.

 ACTIVIDAD COMPLEMENTARIA

8. Realiza una búsqueda en fuentes externas para encontrar al menos dos estructuras de madera importantes que hayan sufrido ataques de insectos xilófagos y describe las actuaciones que se han realizado para su eliminación.

---

5. Resumen

La madera, como material orgánico, se enfrenta a desafíos que pueden afectar su integridad y durabilidad a lo largo del tiempo. A lo largo de la historia se han aplicado tratamientos de preservación para intentar alargar la vida útil de este material.

Las estructuras y elementos de madera suelen estar expuestos a agentes externos como los rayos ultravioletas del sol, la humedad del ambiente, el agua, el calor y el frío, así como al ataque de insectos. Todos estos factores influyen directamente en su conservación, por lo que se hace imprescindible analizar qué factores le afectan directamente a cada proyecto y aplicar las medidas adecuadas en cada situación. No requieren los mismos tratamientos un poste para cableado que una valla de jardín o un escritorio en un despacho.

A la hora de aplicar tratamientos preventivos o curativos contra insectos xilófagos o tratamientos protectores contra las inclemencias meteorológicas, se deben tener en cuenta las indicaciones del fabricante para obtener los resultados deseados.

La madera es un material increíble por su calidez y resistencia que puede mantenerse casi inalterable a lo largo de cientos de años, si aplicamos las técnicas de selección y protección adecuados para cada proyecto de carpintería.

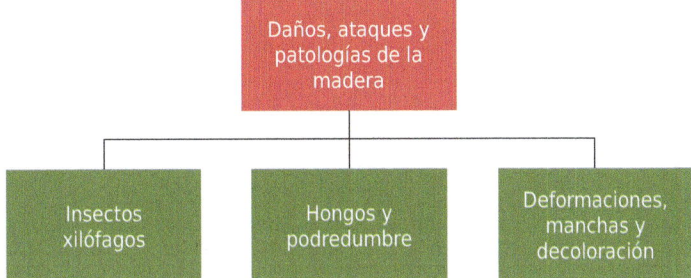

Ejercicios de autoevaluación
Unidad de Aprendizaje 8

1. Indica si la siguiente oración es verdadera o falsa: "La madera es un material orgánico que no está sujeto a problemas que afectan su integridad y durabilidad".

   ■ Verdadero
   ■ Falso

2. ¿Cuál de las siguientes opciones es un tratamiento químico para proteger la madera de la pudrición y los insectos?

   a. Barnizado
   b. Creosota
   c. Pintura
   d. Plastificación

3. Indica si la siguiente oración es verdadera o falsa: "En las civilizaciones antiguas, como la egipcia, la griega y la romana, se aplicaban tratamientos de preservación a la madera, como el uso de aceites y resinas".

   ■ Verdadero
   ■ Falso

4. ¿Qué tipo de insecto xilófago es uno de los más destructivos y se alimenta de la celulosa de la madera?

   a. Gorgojos de la madera
   b. Polillas de la madera
   c. Termitas
   d. Hormigas carpinteras

5. Indica si la siguiente oración es verdadera o falsa: "La presencia de insectos xilófagos en la madera es fácil de detectar inicialmente".

   ■ Verdadero
   ■ Falso

6. ¿Qué tipo de podredumbre de la madera afecta la madera dura y seca?

    a. Podredumbre parda
    b. Podredumbre blanca
    c. Podredumbre cúbica
    d. Podredumbre negra

7. Indica si la siguiente oración es verdadera o falsa: "La podredumbre parda es un tipo de podredumbre de la madera que afecta principalmente a la madera seca".

    ■ Verdadero
    ■ Falso

8. ¿Qué problema puede causar manchas de agua en la madera?

    a. Decoloración UV
    b. Decoloración química
    c. Formación de cubos blancos en la madera
    d. Anillos o manchas en la superficie

9. Indica si la siguiente oración es verdadera o falsa: "La exposición prolongada a la luz solar directa puede mejorar el color natural de la madera".

    ■ Verdadero
    ■ Falso

10. ¿Cuál es uno de los factores externos que pueden afectar la conservación de la madera?

    a. Luz ultravioleta
    b. Viento suave
    c. Aire fresco
    d. Plantas cercanas

Calidad de la madera estructural. Normativa

Contenido

Objetivos

El objetivo general de esta Unidad de Aprendizaje es:

→ Analizar la importancia de la calidad de la madera estructural en la construcción de edificios y estructuras.

Los objetivos específicos de esta Unidad de Aprendizaje son:

→ Aprender los factores clave que influyen en la calidad de la madera estructural.

→ Conocer la importancia de las normativas en la calidad de la madera estructural.

→ Destacar la importancia de mantenerse actualizado en cuanto a la normativa vigente.

1. Introducción

La calidad de la madera estructural es un aspecto fundamental en la construcción de edificios y estructuras que requieren resistencia y durabilidad a lo largo del tiempo. La madera ha sido un material de construcción utilizado durante siglos debido a su disponibilidad, versatilidad y capacidad para soportar cargas, pero su rendimiento como material estructural depende, en gran medida, de su calidad y de su conformidad con las normativas vigentes.

La normativa es esencial en el ámbito de la madera estructural, ya que establece las especificaciones técnicas y los estándares de calidad que deben cumplirse para garantizar la seguridad y el rendimiento de las estructuras de madera. En muchos países, estas normativas son desarrolladas y reguladas por organismos de normalización, como la Asociación Española de Normalización (UNE) en España, que son versiones nacionales de las normas europeas (EN), el Instituto Americano de Normas (ANSI) en los Estados Unidos, o el Instituto Nacional de Normalización (INN) en Chile.

Estas normativas definen aspectos cruciales como las dimensiones, las propiedades mecánicas, la clasificación de la madera, los métodos de ensayo, los requisitos de calidad y las recomendaciones para el diseño y la construcción de estructuras de madera. Por ejemplo, se establecen límites de deformación, resistencia a la compresión y tracción, y otros parámetros que deben cumplirse para garantizar la seguridad de las estructuras de madera.

Además de las normativas nacionales, existen estándares internacionales, como los emitidos por la Organización Internacional de Normalización (ISO), que también influyen en la calidad de la madera estructural en un contexto global.

Como siempre, Juan y su equipo de carpintería La Atarazana, nos ayudarán a comprender mejor los requisitos de calidad y las diferentes normativas que se deben tener en cuenta antes de cada proyecto.

2. Calidad de la madera estructural

☞ HILO CONDUCTOR

La calidad de la madera en proyectos de construcción y estructurales es de suma importancia, como bien saben Juan y su equipo de carpintería La Atarazana. A lo largo de su experiencia, han aprendido que una elección incorrecta de la madera puede llevar a problemas significativos en la durabilidad y resistencia de las estructuras. El enfoque de Juan y su equipo en la conservación, la calidad y la adaptación a las necesidades específicas de cada proyecto es un ejemplo destacado de cómo la elección y el uso adecuado de la madera estructural pueden marcar la diferencia en la durabilidad y el rendimiento de las estructuras.

- -

Es muy importante tener en cuenta la calidad de la madera usada en estructuras para construcción, ya que de ello depende la solidez de la estructura y la seguridad de quien la utiliza. La madera se utiliza en una amplia variedad de aplicaciones en edificios y estructuras, como vigas, columnas, suelos y techos. La calidad de la madera estructural se refiere a la capacidad de la madera para cumplir con los requisitos de resistencia y durabilidad necesarios para soportar las cargas y las condiciones ambientales a las que estará expuesta en una estructura.

A continuación, se destacan algunos de los **factores** clave que influyen en la calidad la madera estructural:

- **Resistencia mecánica.** La capacidad de la madera para soportar cargas de compresión, tracción y flexión es esencial. Las propiedades mecánicas, como la resistencia a la flexión y la compresión, son evaluadas mediante pruebas de laboratorio y deben cumplir con ciertos estándares específicos.
- **Durabilidad.** La madera estructural debe resistir la degradación causada por factores como la humedad, los insectos y los hongos. La durabilidad se logra a través de tratamientos de preservación de la madera o seleccionando especies resistentes.
- **Dimensiones y rectitud.** La madera utilizada en aplicaciones estructurales debe tener dimensiones precisas y estar libre de defectos, como demasiados nudos o curvaturas excesivas. Esto garantiza que la madera se pueda unir y utilizar de manera efectiva en la construcción.
- **Contenido de humedad.** El contenido de humedad de la madera debe ser adecuado y controlado para evitar deformaciones y cambios en las

propiedades mecánicas, una vez que se instala en la estructura. La madera seca se utiliza comúnmente en aplicaciones estructurales.

➲ **Tratamientos y acabados.** En algunos casos, la madera estructural puede requerir tratamientos especiales o acabados para mejorar su resistencia al fuego, la intemperie u otros factores ambientales.

La selección de la madera adecuada es esencial para garantizar la seguridad y el rendimiento de una estructura. También es importante tener en cuenta los factores específicos que necesitamos que cumpla la madera en función de las necesidades que requiera cada proyecto.

En España, la clasificación de la madera estructural sigue un sistema establecido por la **Asociación Española de Normalización (UNE),** que se basa en las Normas UNE-EN 14081.

Esta normativa regula la clasificación de la madera aserrada y estructural en función de sus propiedades mecánicas. La clasificación se realiza en base a la resistencia mecánica de la madera, que se mide en megapascales (MPa).

En España, la resistencia mecánica de la madera estructural se clasifica de acuerdo con la normativa técnica vigente. La norma más relevante para la madera estructural en España es el Código Técnico de la Edificación (CTE), que establece las especificaciones técnicas para la construcción de edificios. El CTE se basa en normativas europeas armonizadas y establece clases de resistencia para la madera de acuerdo con la norma EN 338.

Las clases de resistencia mecánica para la madera estructural en España se definen en función de la resistencia característica de la madera a compresión, flexión, cortante y tracción. Estas clases van desde C14 hasta C50, donde C14 es la clase más baja y C50 es la clase más alta. A continuación, se detallan algunas de las **clases de resistencia mecánica** más comunes para la madera estructural en España:

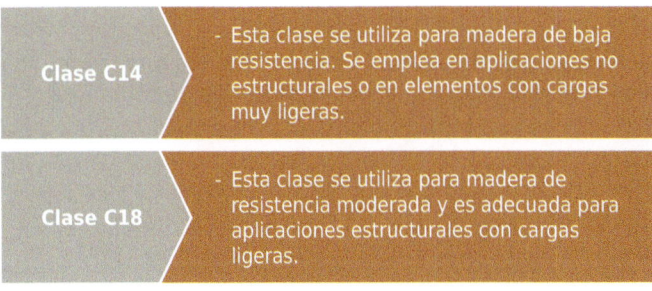

Clase C14 - Esta clase se utiliza para madera de baja resistencia. Se emplea en aplicaciones no estructurales o en elementos con cargas muy ligeras.

Clase C18 - Esta clase se utiliza para madera de resistencia moderada y es adecuada para aplicaciones estructurales con cargas ligeras.

Continúa en página siguiente >>

<< Viene de página anterior

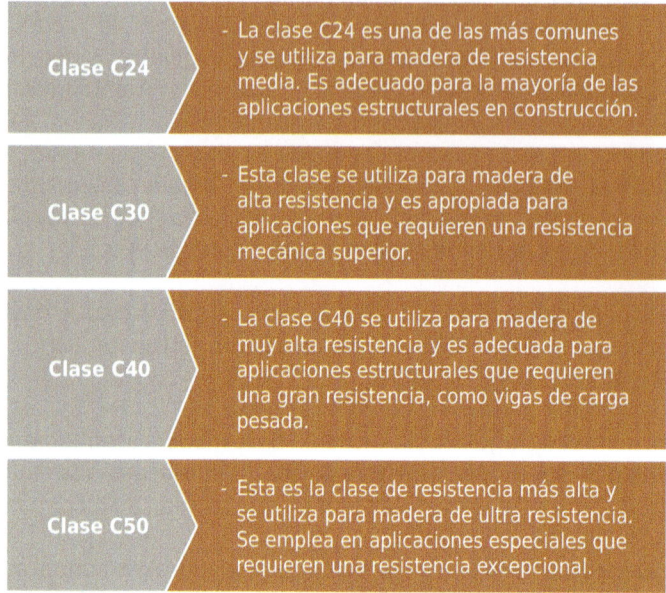

Clase C24 — La clase C24 es una de las más comunes y se utiliza para madera de resistencia media. Es adecuado para la mayoría de las aplicaciones estructurales en construcción.

Clase C30 — Esta clase se utiliza para madera de alta resistencia y es apropiada para aplicaciones que requieren una resistencia mecánica superior.

Clase C40 — La clase C40 se utiliza para madera de muy alta resistencia y es adecuada para aplicaciones estructurales que requieren una gran resistencia, como vigas de carga pesada.

Clase C50 — Esta es la clase de resistencia más alta y se utiliza para madera de ultra resistencia. Se emplea en aplicaciones especiales que requieren una resistencia excepcional.

Es importante tener en cuenta que la elección de la clase de resistencia de la madera depende de las especificaciones del proyecto y de las cargas a las que estará expuesta la estructura. Además, es esencial que la madera cumpla con los estándares de calidad y esté correctamente certificada para su uso en aplicaciones estructurales. Se recomienda consultar la normativa vigente y trabajar con profesionales de la construcción para garantizar la seguridad y durabilidad de las estructuras de madera en España.

NOTA

La normativa ISO (Organización Internacional de Normalización) ofrece estándares internacionales relacionados con la madera estructural.

2.1. Clasificación por calidad visual

Además de la resistencia mecánica, la madera se clasifica en función de su calidad visual. La clasificación de la madera por su calidad visual se refiere a la categorización de la madera según su apariencia y características superficiales, en lugar de su resistencia mecánica. Esto es especialmente importante en aplicaciones donde la estética es un factor clave, como la fabricación de muebles, revestimientos, pisos y carpintería en general. A continuación, se describen algunas de las categorías comunes para clasificar la madera por su calidad visual:

- **Madera de primera.** También conocida como "madera de calidad" o "madera de selección", esta es la madera con la apariencia más atractiva. Tiene un aspecto limpio, sin defectos notables, como nudos, grietas, manchas o deformaciones. Se utiliza en aplicaciones de alta gama donde la estética es prioritaria.
- **Madera de segunda.** Esta categoría de madera suele tener algunas imperfecciones visuales, como nudos pequeños, pequeñas grietas o variaciones de color. Aunque no es tan perfecta como la madera de primera, sigue siendo adecuada para muchas aplicaciones y es más asequible.
- **Madera de tercera.** La madera de tercera es de calidad inferior en términos de apariencia. Puede tener nudos más grandes, grietas más evidentes y variaciones de color más notables. A menudo se utiliza en aplicaciones donde la estética es menos importante, como en estructuras donde la madera está oculta o donde se valora más la resistencia que la apariencia.
- **Madera de calidad rústica.** Esta categoría se caracteriza por su apariencia más natural y rústica. Puede tener nudos grandes, grietas significativas, variaciones de color notables y otras imperfecciones que se consideran atractivas en ciertas aplicaciones, como en la fabricación de muebles rústicos o decoraciones de estilo campestre.
- **Madera con características especiales.** Algunas maderas, como la madera con veteado único o características naturales llamativas, pueden ser clasificadas en esta categoría especial. Se utilizan en aplicaciones donde se busca resaltar estas características únicas.

Es importante destacar que la clasificación de la madera por su calidad visual puede variar según las normativas y estándares locales o las preferencias específicas del consumidor. La elección de la calidad de la madera dependerá de los requisitos del proyecto y de los gustos estéticos de quienes la utilizan. Es común encontrar términos adicionales, como "grado claro", "grado selecto" o "grado común", que se utilizan para describir la calidad visual de la madera en productos específicos.

Las estructuras de madera son el esqueleto de una construcción, por ello es importante una buena calidad de los huesos (madera).

APLICACIÓN PRÁCTICA

Estás realizando obras en casa y quieres retirar una viga de acero que soporta el peso del piso superior del salón. Tu idea es cambiarla por una de madera que aporte calidez y personalidad a la estancia.

¿Qué factor en la calidad de la madera es esencial para esta viga?

Solución

La resistencia mecánica de la madera es la capacidad de la madera para soportar cargas y resistir deformaciones bajo diferentes tipos de fuerzas o tensiones. La resistencia mecánica de la madera es un aspecto fundamental que hay que considerar en la construcción y el diseño de estructuras de madera.

3. Normativa

 HILO CONDUCTOR

Juan y su equipo en la carpintería La Atarazana tienen un enfoque sólido en la elección y uso adecuado de la madera estructural, lo que demuestra su compromiso con la calidad y la satisfacción del cliente. En su último proyecto, una estructura de madera para el techo de madera de un restaurante, han trabajado codo con codo con un equipo de ingenieros que definían claramente las especificaciones técnicas que debían tener cada pieza para cumplir con todas las normativas. Cumplir con estas normativas es fundamental para garantizar que la madera utilizada en proyectos de construcción y estructurales cumplan con los estándares de calidad y seguridad.

La normativa que regula la calidad de la madera estructural varía según el país y la región, pero suele basarse en normas y estándares internacionales reconocidos.

Estas normativas establecen parámetros para la clasificación de la madera, pruebas de laboratorio para evaluar sus propiedades mecánicas y físicas, condiciones de secado, marcado y almacenamiento, entre otros aspectos. Los profesionales de la construcción, como ingenieros, arquitectos y constructores, deben seguir estas normativas para seleccionar y utilizar la madera adecuada en sus proyectos, garantizando así la seguridad y la calidad de las estructuras construidas con este material.

IMPORTANTE

En España, después de la aprobación de la LOE (Ley de Ordenación de la Edificación), entra en vigor el Código Técnico de Edificación (CTE), en el que se enmarcan todas las normativas de obligado cumplimiento.

A continuación, se mencionan algunas de las **normas UNE** más relevantes relacionadas con la calidad de la madera estructural:

- **UNE-EN 338:2016.** Madera estructural. Clases resistentes. Valores característicos de las propiedades de resistencia y rigidez y los valores de densidad.
- **UNE-EN 14358:2016.** Estructuras de madera. Determinación y verificación de los valores característicos.
- **UNE-EN 14298:2018.** Madera aserrada. Estimación de la calidad del secado.
- **UNE-EN 384:2016+A2:2023.** Madera estructural. Determinación de los valores característicos de las propiedades mecánicas y la densidad.
- **UNE-EN 14592:2023.** Estructuras de madera. Elementos de fijación tipo clavija. Requisitos.
- **UNE-EN 14081-3:2022.** Estructuras de madera. Madera estructural con sección transversal rectangular clasificada por su resistencia. Parte 3: Clasificación mecánica. Requisitos complementarios para el control de producción en fábrica.
- **UNE-EN 14080:2022.** Estructuras de madera. Madera laminada encolada y madera maciza encolada. Requisitos.

Estas normas UNE se basan en las normas europeas correspondientes y establecen los requisitos y las especificaciones técnicas que deben cumplir los productos de madera utilizados en aplicaciones estructurales en España.

 IMPORTANTE

Es importante mantenerse actualizado con las últimas versiones de estas normas, ya que pueden ser revisadas y actualizadas periódicamente para reflejar avances en la investigación y cambios en las prácticas de construcción.

A lo largo de los años, la Organización Internacional de Normalización ISO ha desarrollado y publicado más de 23.000 estándares en una amplia gama de industrias y sectores.

SABÍAS QUE...

En la Edad Media, se desarrollaron sistemas de clasificación de la madera en función de su idoneidad para usos específicos en la construcción de edificios. Se clasificaba la madera en categorías como madera de construcción, madera de carpintería y madera de ebanistería. Estas categorías se basaban en las propiedades de la madera y su resistencia.

 TAREA 9

Eres un arquitecto encargado de diseñar una estructura de madera que cumpla con las normativas de resistencia y rigidez. Tienes un presupuesto limitado y solo puedes usar un tipo de madera específico en tu proyecto. Tienes que utilizar madera maciza aserrada. ¿Qué norma UNE debes tener en cuenta para su elección?

 ACTIVIDAD COMPLEMENTARIA

9. Haz una búsqueda en fuentes externas de, al menos, tres empresas o instituciones que se dediquen al desarrollo y regulación de normativas relacionadas con la madera estructural.

4. Resumen

Hemos visto la importancia de utilizar madera de calidad para la fabricación de elementos estructurales de madera. Teniendo en cuenta que estos elementos son los que soportan las cargas y tensiones propias de cualquier construcción que utilice este material, no es difícil entender que una buena elección de la madera es de vital importancia para obtener los resultados deseados.

En este sentido las diferentes normativas aportan soluciones técnicas basadas en estudios y ensayos científicos, realizados por empresas e instituciones solventes, dando fiabilidad a los elementos que conforman cualquier estructura de madera.

Con la constante evolución tecnológica, estos estudios descubren nuevos materiales y usos de la madera. Es por esto que debemos estar bien informados de los posibles cambios que se producen en las diferentes normativas ya existentes y en nuevas que puedan aparecer.

La madera y los productos de madera utilizados en construcción están en constante evolución, creando nuevas posibilidades y soluciones constructivas y haciendo de este material una solución ecológica que aporta nuevas posibilidades de diseño a arquitectos y diseñadores.

Calidad de la madera estructural	Resistencia mecánica
- Durabilidad - Dimensiones y rectitud - Contenido de humedad - Tratamientos y acabados - Normativa	- UNE - UNE-EN - ISO

Ejercicios de autoevaluación
Unidad de Aprendizaje 9

1. Indica si la siguiente oración es verdadera o falsa: "La calidad de la madera estructural no influye en la seguridad y el rendimiento de las estructuras de madera".

   ■ Verdadero
   ■ Falso

2. ¿Cuál es uno de los factores clave que influyen en la calidad de la madera estructural?

   a. Color de la madera
   b. Resistencia al fuego
   c. Contenido de humedad
   d. Grosor de la madera

3. Indica si la siguiente oración es verdadera o falsa: "La resistencia mecánica de la madera estructural en España se clasifica en clases que van desde C14 hasta C45".

   ■ Verdadero
   ■ Falso

4. ¿Qué organización emite estándares internacionales relacionados con la madera estructural?

   a. ANSI
   b. ISO
   c. INN
   d. UNE

5. Indica si la siguiente oración es verdadera o falsa: "En España, la clasificación de la madera estructural se basa en las Normas UNE-EN 14081".

   ■ Verdadero
   ■ Falso

6. ¿Por qué es importante mantenerse actualizado con las normas UNE relacionadas con la madera estructural?

    a. Para fines estéticos.

    b. Para reducir costos de construcción.

    c. Para reflejar avances en la investigación y cambios en las prácticas de construcción.

    d. Para evitar inspecciones de seguridad.

7. Indica si la siguiente oración es verdadera o falsa: "La calidad de la madera estructural se refiere principalmente a la resistencia mecánica y no a la durabilidad".

    ■ Verdadero

    ■ Falso

8. ¿Cuál de las siguientes normas UNE se relaciona con la estimación de la calidad del secado de la madera aserrada?

    a. UNE-EN 338

    b. UNE-EN 14592

    c. UNE-EN 14298

    d. UNE-EN 14080

9. Indica si la siguiente oración es verdadera o falsa: "La durabilidad de la madera estructural se logra a través de tratamientos de pintura y barniz".

    ■ Verdadero

    ■ Falso

10. ¿Qué categorías se utilizan en España para clasificar la madera en función de su calidad visual?

    a. A, B, C

    b. I, II, III

    c. Buena, regular, mala

    d. Fuerte, débil, mediana

Especies de maderas

Contenido

Objetivos

El objetivo general de esta Unidad de Aprendizaje es:

→ Conocer las diferentes especies de maderas.

Los objetivos específicos de esta Unidad de Aprendizaje son:

→ Conocer el origen y la composición de diferentes especies de maderas.

→ Analizar las características y propiedades de diferentes tipos de maderas.

→ Comprender la importancia de la sostenibilidad en el uso de la madera.

1. Introducción

A lo largo de los siglos, los seres humanos han desarrollado un profundo conocimiento de las diferentes especies de madera y han aprendido a aprovechar sus cualidades únicas para una amplia variedad de aplicaciones.

Cada especie de madera tiene sus peculiaridades, con su propia historia y personalidad. Desde los imponentes robles que han soportado el paso de los siglos en las construcciones monumentales, hasta la suave y delicada teca que embellece nuestros espacios al aire libre, cada tipo de madera tiene algo especial que ofrecer. Gracias a conocer estas especies, los profesionales del sector pueden tomar decisiones más informadas y respetuosas con el medioambiente al seleccionar la madera adecuada para sus proyectos.

Además, se debe tener en cuenta la sostenibilidad en la utilización de maderas y cómo las prácticas de manejo forestal responsable son esenciales para preservar estos recursos naturales para las generaciones futuras.

Cada especie de madera es un capítulo en la historia de la humanidad y nos recuerda la gran dependencia que tenemos con el mundo natural. Conocer y apreciar estas maderas no solo enriquece nuestra comprensión, sino que debe hacernos reflexionar sobre la importancia del respeto por la herencia que debemos dejar a nuestros descendientes.

Cualquier profesional debe conocer el material con el que trabaja y esto le ocurre a Juan de la carpintería La Atarazana. En esta unidad nos ayudará a conocer mejor las diferentes especies de maderas.

2. Especies de maderas

 **HILO CONDUCTOR**

En un mundo donde la sostenibilidad se ha convertido en una preocupación central, Juan y su equipo demuestran un compromiso sólido con la elección de madera certificada y la búsqueda de prácticas de manejo forestal responsable. Esto es esencial para proteger los bosques y mantener un equilibrio ecológico. Además, su enfoque en la conservación de estructuras históricas demuestra la importancia de comprender y respetar la herencia que dejamos a las futuras

Continúa en página siguiente >>

<< Viene de página anterior

generaciones. El conocimiento acumulado por Juan y su equipo sobre las propiedades y características de diferentes especies de madera, como el roble, el pino, la caoba y muchas otras, les permite tomar decisiones informadas y crear productos de alta calidad que cumplen con las necesidades de sus clientes.

La madera como recurso natural es un material insustituible. Está compuesta principalmente de **celulosa** y **lignina** y ha aportado a la humanidad luz, calor, un techo bajo el que cobijarse, además de múltiples utilidades para desplazarse, construir y progresar. Una de las ventajas de la madera es la gran variedad de especies que existen, cada una de ellas con características únicas que ofrecen al mercado una amplia gama de posibilidades en muchos usos cotidianos.

 DEFINICIÓN

Celulosa

Es un polisacárido que forma parte de la estructura de las paredes celulares de las plantas y algunas algas. Es uno de los polímeros más abundantes en la naturaleza y está compuesto por cadenas largas de glucosa. La celulosa es un material fibroso y resistente, lo que le confiere propiedades mecánicas notables.

Lignina

Es un polímero natural complejo y resistente que se encuentra en las paredes celulares de las plantas, especialmente en maderas y en partes leñosas de plantas. Es uno de los componentes clave de la estructura de la planta, junto con la celulosa y la hemicelulosa. La lignina desempeña un papel fundamental en la rigidez y resistencia de las paredes celulares de las plantas.

 VÍDEO

Puedes ver un vídeo sobre la importancia de la madera a lo largo de la historia. Con este vídeo descubrirás que ha sido clave para la evolución de la especie humana. Para verlo accede desde aquí:

Continúa en página siguiente >>

<< Viene de página anterior

https://redirectoronline.com/comt016po1001

A continuación analizaremos algunas de las especies más comunes en Europa y algunas exóticas.

2.1. Madera de roble *(Quercus spp.)*

El majestuoso roble, conocido como el rey del bosque' es una presencia imponente que ha dejado su huella en la naturaleza y la cultura a lo largo de la historia. A continuación, conocerás más detalles sobre este árbol y su madera:

Origen	- Los robles son árboles nativos de Europa, Asia, América del Norte y otras regiones templadas.
Composición	- La madera de roble está compuesta principalmente por fibras de celulosa, lignina y hemicelulosa.
Características	- Tiene un color que varía de marrón claro a medio, con un grano visible y atractivo. Es conocido por su durabilidad y resistencia.
Propiedades	- El roble es resistente al desgaste, lo que lo hace ideal para suelos y muebles de alta calidad.
Curiosidades	- En la antigua Roma, el roble se asociaba con Júpiter, el dios del rayo y el trueno.

Se estima que existen más de 600 especies de robles en todo el mundo. Algunas de las más conocidas incluyen el roble blanco, el roble rojo y el roble encino.

Madera de roble

 SABÍAS QUE...

Los robles son conocidos por su longevidad. Algunos ejemplares pueden vivir más de 1.000 años, lo que los convierte en uno de los árboles más longevos del mundo.

2.2. Madera de pino *(Pinus ssp.)*

El pino, con su elegante silueta y su importancia vital en los ecosistemas, es un árbol que ha sido apreciado y utilizado por la humanidad a lo largo de los siglos. A continuación, aprenderás más cosas sobre este árbol y su madera:

Origen	- El pino es ampliamente distribuido en América del Norte, Europa, Asia y otras regiones.
Composición	- La madera de pino consiste, principalmente, en fibras de celulosa.

Continúa en página siguiente >>

<< Viene de página anterior

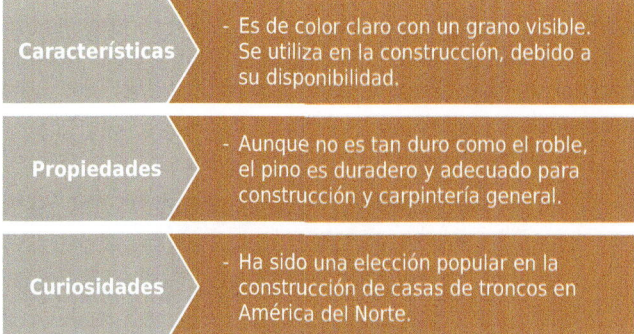

Características	- Es de color claro con un grano visible. Se utiliza en la construcción, debido a su disponibilidad.
Propiedades	- Aunque no es tan duro como el roble, el pino es duradero y adecuado para construcción y carpintería general.
Curiosidades	- Ha sido una elección popular en la construcción de casas de troncos en América del Norte.

Los pinos liberan una resina aromática que puede tener usos medicinales, como en la elaboración de bálsamos y pomadas. También se utiliza para hacer aceite de trementina. Existen más de 100 especies de pinos en todo el mundo, que se encuentran en una amplia variedad de hábitats, desde bosques boreales hasta regiones montañosas y desiertos.

Madera de pino

 ### SABÍAS QUE...

Algunas especies de pinos, como el pino Lodgepole, han desarrollado adaptaciones al fuego, como conos que solo se abren y liberan sus semillas cuando se exponen al calor del fuego. Esto les permite regenerarse después de incendios forestales.

2.3. Madera de cedro *(Cedrus ssp.)*

El cedro, con su madera valiosa y su aroma distintivo, es un árbol que ha sido reverenciado en diversas culturas a lo largo de la historia, tanto por su utilidad como por su belleza. A continuación, conocerás mejor a este árbol y a su madera:

Origen
- El cedro se encuentra en regiones como el Mediterráneo y el Cercano Oriente.

Composición
- La madera de cedro es ligera y aromática y es rica en aceites esenciales.

Características
- Es de color rojizo y fácil de trabajar, utilizada en la fabricación de muebles y revestimientos.

Propiedades
- El cedro es resistente a las plagas y a la descomposición, por lo que se utiliza en muebles y revestimientos interiores.

Curiosidades
- Ha sido históricamente asociado con la construcción de barcos y armarios de almacenamiento debido a su aroma que repele insectos.

Existen varias especies de cedro en todo el mundo, incluyendo el cedro del Líbano, el cedro blanco del Atlántico y el cedro rojo occidental. Cada especie tiene sus propias características únicas.

Madera de cedro

 **SABÍAS QUE...**

En varias culturas, el cedro ha sido considerado un árbol sagrado. Por ejemplo, en la mitología sumeria, el cedro era conocido como el árbol de la vida y se consideraba un símbolo de inmortalidad.

2.4. Madera de caoba *(Swietenia ssp.)*

La caoba, conocida como el diamante de los bosques, es una madera preciosa que ha cautivado a la humanidad con su riqueza de tonos y su historia de uso en la fabricación de muebles y objetos de lujo. A continuación, puedes conocer mejor este árbol y su madera:

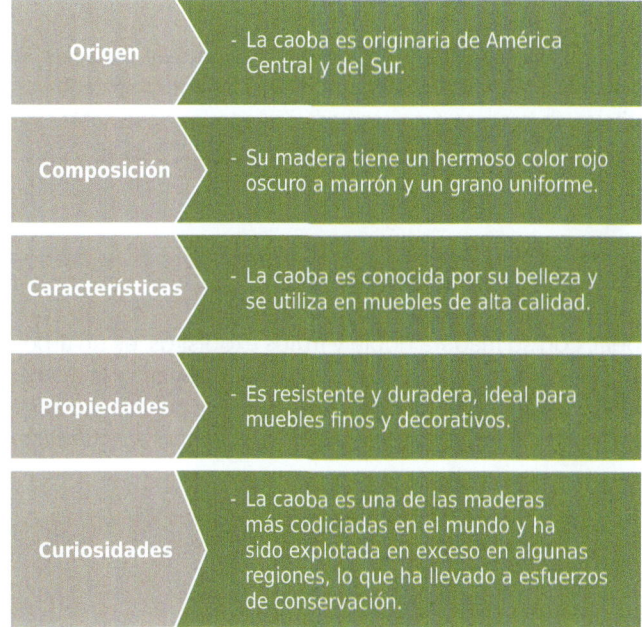

Origen	- La caoba es originaria de América Central y del Sur.
Composición	- Su madera tiene un hermoso color rojo oscuro a marrón y un grano uniforme.
Características	- La caoba es conocida por su belleza y se utiliza en muebles de alta calidad.
Propiedades	- Es resistente y duradera, ideal para muebles finos y decorativos.
Curiosidades	- La caoba es una de las maderas más codiciadas en el mundo y ha sido explotada en exceso en algunas regiones, lo que ha llevado a esfuerzos de conservación.

Las especies de caoba más conocidas son *Swietenia mahagoni* y *Swietenia macrophylla*. Debido a la alta demanda de la caoba en la industria de la madera, muchas poblaciones de caoba han disminuido significativamente, lo que ha llevado a la tala insostenible y la amenaza de extinción de algunas especies.

Madera de caoba

 **IMPORTANTE**

La Convención sobre el Comercio Internacional de Especies Amenazadas de Fauna y Flora Silvestres (CITES) regula el comercio de caoba y otras especies de árboles de madera preciosa para protegerlas de la sobreexplotación.

2.5. Madera de nogal *(Juglans ssp.)*

El nogal, con su madera noble y frutos exquisitos, es un árbol que combina la elegancia de su madera con la tradición culinaria y la artesanía, desempeñando un papel significativo en la historia y la cultura a lo largo de los siglos. Descubre más acerca de este árbol y su madera a continuación:

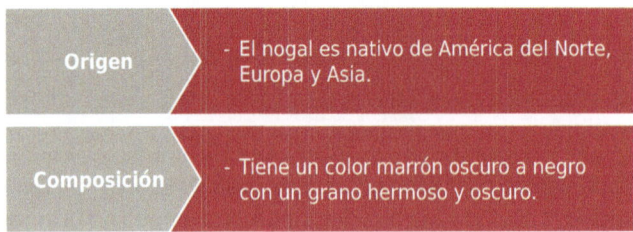

| Origen | - El nogal es nativo de América del Norte, Europa y Asia. |
| Composición | - Tiene un color marrón oscuro a negro con un grano hermoso y oscuro. |

Continúa en página siguiente >>

<< Viene de página anterior

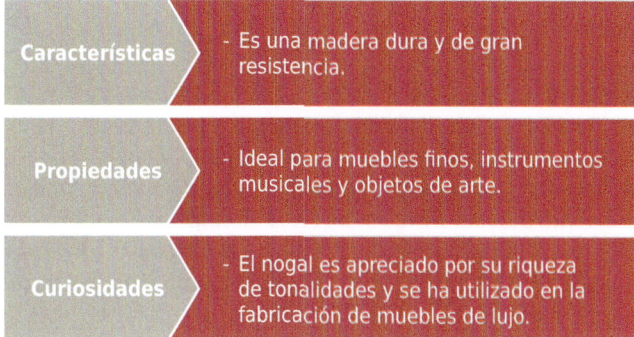

Características	- Es una madera dura y de gran resistencia.
Propiedades	- Ideal para muebles finos, instrumentos musicales y objetos de arte.
Curiosidades	- El nogal es apreciado por su riqueza de tonalidades y se ha utilizado en la fabricación de muebles de lujo.

Los nogales producen nueces, que son altamente valoradas como alimento. Existen varias especies de nogales en todo el mundo, siendo el nogal común *(Juglans regia)* uno de los más conocidos. Cada especie de nogal produce nueces con diferentes características y sabores.

Madera de nogal

APLICACIÓN PRÁCTICA

Estas pensando en remodelar el jardín trasero de casa. Quieres construir una pérgola para dar sombra y colocar el suelo de madera.

¿Qué madera sería la más adecuada para realizar esta reforma?

Continúa en página siguiente >>

<< Viene de página anterior

Solución

La madera de teca es la más adecuada en este caso, pues es conocida por su color dorado o marrón dorado, que tiende a oscurecerse con el tiempo. Tiene una textura fina y uniforme, y un brillo natural. Además, es resistente al agua y a las termitas, lo que la hace ideal para aplicaciones en ambientes húmedos. Es altamente duradera y resistente a la intemperie. Contiene aceites naturales que le proporcionan su resistencia a la putrefacción y a los insectos, lo que la hace perfecta para aplicaciones exteriores como muebles de jardín, cubiertas de barcos y terrazas.

2.6. Madera de arce *(Acer ssp.)*

El arce, con su distintiva hoja de cinco puntas y su dulce regalo de la naturaleza en forma de sirope, es un árbol emblemático que ha arraigado tanto en los bosques como en la cultura, proporcionando un vínculo inconfundible entre la naturaleza y la humanidad. A continuación, aprenderás más sobre este árbol y su madera:

Origen	- El arce se encuentra en América del Norte, Europa y Asia.
Composición	- Tiene un color claro y un grano suave y uniforme.
Características	- Es resistente y difícil de trabajar.
Propiedades	- Utilizado en la fabricación de muebles, suelos de madera dura y utensilios de cocina.
Curiosidades	- El arce es apreciado por su belleza y es comúnmente utilizado en la fabricación de instrumentos musicales, como guitarras y violines.

Existen más de 120 especies de arces en todo el mundo. Algunas de las más conocidas son el arce de azúcar *(Acer saccharum)* y el arce rojo *(Acer rubrum)*. La madera de arce puede ser difícil de trabajar debido a su dureza, lo que requiere herramientas adecuadas y habilidades de carpintería.

Madera de arce

 **NOTA**

La savia de arce es famosa por su sabor dulce y se utiliza para hacer jarabe de arce. Para producirlo, se recolecta la savia cruda del arce de azúcar y luego se hierve para eliminar el agua y concentrar los azúcares.

2.7. Madera de teca *(Tectona grandis)*

La teca, conocida como el oro marrón, es una madera preciosa de gran renombre por su belleza natural, durabilidad excepcional y su papel esencial en la creación de muebles y embarcaciones de alta calidad, conectando la artesanía con la naturaleza de manera inigualable. A continuación, puedes conocer más sobre este árbol y su madera:

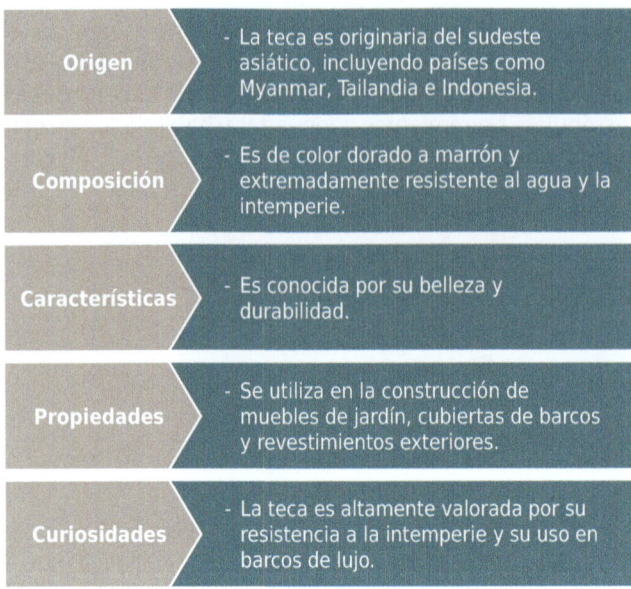

Origen	- La teca es originaria del sudeste asiático, incluyendo países como Myanmar, Tailandia e Indonesia.
Composición	- Es de color dorado a marrón y extremadamente resistente al agua y la intemperie.
Características	- Es conocida por su belleza y durabilidad.
Propiedades	- Se utiliza en la construcción de muebles de jardín, cubiertas de barcos y revestimientos exteriores.
Curiosidades	- La teca es altamente valorada por su resistencia a la intemperie y su uso en barcos de lujo.

Los árboles de teca crecen lentamente, lo que significa que pueden tardar varias décadas en alcanzar el tamaño adecuado para su cosecha. Esto contribuye a su valor en la industria de la madera. La madera de teca requiere un mantenimiento regular para conservar su belleza. El aceite de teca se utiliza comúnmente para restaurar el color y proteger la madera.

Madera de teca

IMPORTANTE

La teca está regulada por el Convenio sobre el Comercio Internacional de Especies Amenazadas de Fauna y Flora Silvestres (CITES) para garantizar que su comercio sea sostenible.

2.8. Madera de abeto *(Abies ssp.)*

El abeto, con su elegante forma cónica y sus agujas perennes, es un árbol emblemático de los bosques del hemisferio norte, que ha desempeñado un papel esencial en la vida silvestre y en la tradición festiva, ofreciendo belleza y utilidad a lo largo de generaciones. Descubre más a cerca de este árbol y su madera a continuación:

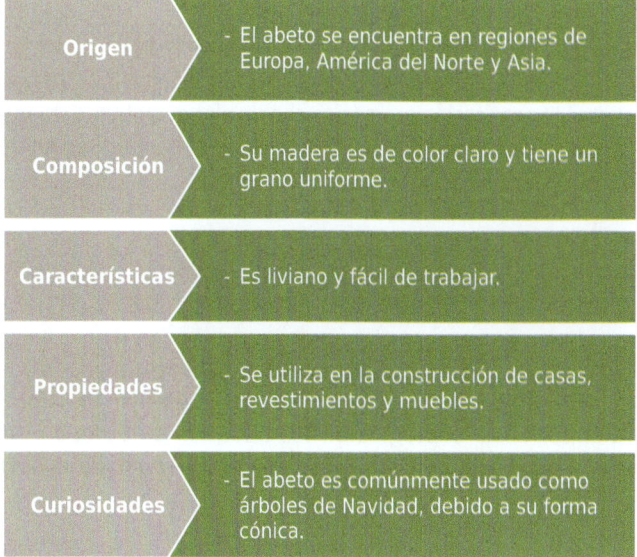

Los abetos son árboles coníferos con hojas perennes que se encuentran en regiones templadas y frías de todo el mundo. Son árboles resistentes al frío y pueden sobrevivir en climas fríos y montañosos. Su capacidad para resistir condiciones adversas los convierte en árboles importantes en ecosistemas de alta montaña. Existen numerosas especies de abetos en todo el mundo, incluyendo el abeto blanco, el abeto balsámico, el abeto de Douglas y el abeto rojo. Cada especie tiene características únicas.

Madera de abeto

 **NOTA**

Los abetos liberan resina aromática con un olor distintivo. Esta resina se ha utilizado históricamente en la fabricación de productos como pegamento y bálsamos.

2.9. Madera de haya *(Fagus ssp.)*

La haya, con su corteza plateada y su follaje frondoso, es un árbol que ha sido apreciado por su elegancia y su versatilidad en la carpintería, además de su importancia ecológica en los bosques de Europa y otras regiones. Puedes descubrir más cosas sobre este árbol y su madera a continuación:

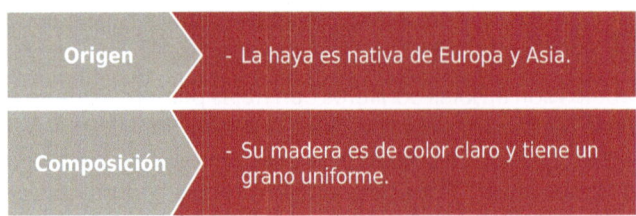

| Origen | - La haya es nativa de Europa y Asia. |
| Composición | - Su madera es de color claro y tiene un grano uniforme. |

Continúa en página siguiente >>

<< Viene de página anterior

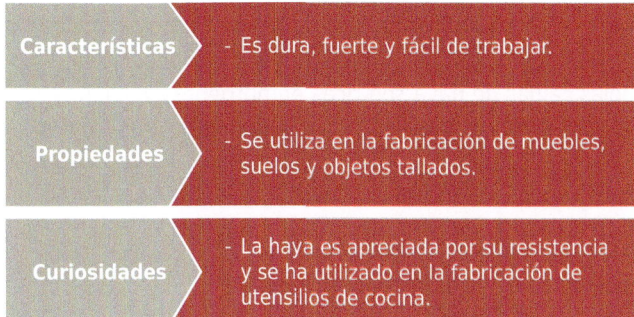

Características	- Es dura, fuerte y fácil de trabajar.
Propiedades	- Se utiliza en la fabricación de muebles, suelos y objetos tallados.
Curiosidades	- La haya es apreciada por su resistencia y se ha utilizado en la fabricación de utensilios de cocina.

Los bosques de hayas, conocidos como hayedos, son ecosistemas importantes que albergan una gran variedad de flora y fauna. Los hayedos son apreciados por su belleza y su capacidad para transformarse estacionalmente, con hojas verdes en primavera y hojas doradas en otoño.

Madera de haya

En la antigüedad, se utilizaba la corteza de la haya para hacer cuerdas y tejidos, y la madera se empleaba para fabricar herramientas y utensilios. La cosecha de madera de haya se realiza de manera sostenible en muchas regiones para garantizar la preservación de estos hermosos árboles y sus hábitats.

NOTA

Las hojas caídas de haya son ricas en nutrientes y, cuando se descomponen, fertilizan el suelo del bosque, lo que beneficia a otras plantas y árboles.

2.10. Madera de olivo *(Olea europaea)*

El olivo, símbolo de paz y abundancia, es un árbol venerado que ha alimentado cuerpos y almas a lo largo de la historia. Su aceite dorado y frutos versátiles han jugado un papel fundamental en la cultura, la cocina y la tradición, convirtiéndolo en un tesoro de la naturaleza. A continuación, podrás saber más sobre este árbol y su madera:

Origen	- El olivo es originario de la región del Mediterráneo.
Composición	- Su madera es de color amarillo a marrón claro y tiene un grano distintivo.
Características	- Tiene un olor característico y un aspecto hermoso.
Propiedades	- Utilizada en objetos decorativos, tablas de cortar y esculturas.
Curiosidades	- El olivo es apreciado tanto por su madera como por su fruto, las aceitunas, utilizadas para la producción de aceite de oliva.

El olivo *(Olea europaea)* es un árbol emblemático que se cultiva en muchas partes del mundo por su fruto, las aceitunas y por su valioso aceite. Los olivos son conocidos por su longevidad. Los olivos pueden vivir cientos de años, y algunos ejemplares antiguos se creen que tienen más de 2.000 años. El cultivo del olivo se ha expandido a muchas regiones del mundo, incluyendo América del Norte, América del Sur, Australia y otras áreas con climas adecuados para su crecimiento.

Madera de olivo

 SABÍAS QUE...

El olivo ha sido un símbolo de paz, sabiduría y victoria en muchas culturas a lo largo de la historia. En la mitología griega, la diosa Atenea otorgó el olivo a la ciudad de Atenas como un símbolo de paz y prosperidad.

2.11. Madera de ébano *(Diospyros ssp.)*

El ébano, con su madera negra y densa como la noche, es un tesoro de la naturaleza que ha cautivado a la humanidad a lo largo de los siglos. Esta madera exquisita y rara ha sido apreciada por su belleza y valor, y ha dejado una huella indeleble en la historia del arte y la artesanía. Descubre más cosas sobre este árbol y su madera a continuación:

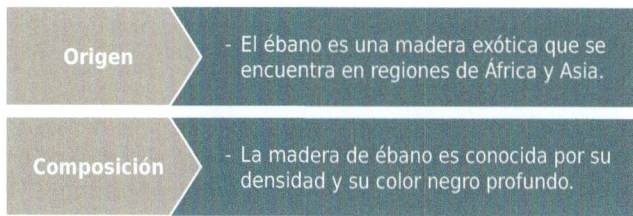

Origen — El ébano es una madera exótica que se encuentra en regiones de África y Asia.

Composición — La madera de ébano es conocida por su densidad y su color negro profundo.

Continúa en página siguiente >>

‹‹ Viene de página anterior

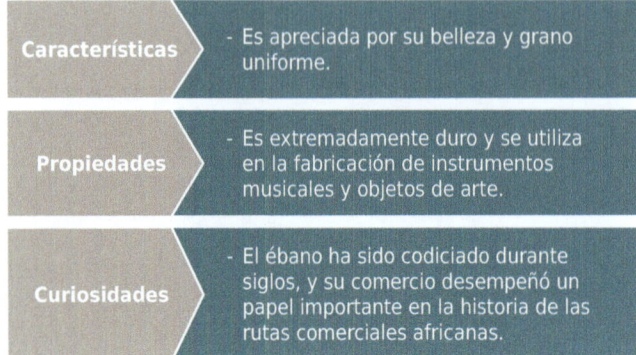

Características › - Es apreciada por su belleza y grano uniforme.

Propiedades › - Es extremadamente duro y se utiliza en la fabricación de instrumentos musicales y objetos de arte.

Curiosidades › - El ébano ha sido codiciado durante siglos, y su comercio desempeñó un papel importante en la historia de las rutas comerciales africanas.

El ébano es una de las maderas más densas que existen. Su densidad y dureza lo hacen ideal para la fabricación de instrumentos musicales, como pianos, violines y clarinetes. Existen varias especies de árboles de ébano en todo el mundo. Algunas de las más conocidas son el ébano africano, el ébano de Macasar y el ébano de la India. El ébano de Macasar es una de las variedades más conocidas y valoradas de ébano, es apreciado por su veteado y colores oscuros profundos.

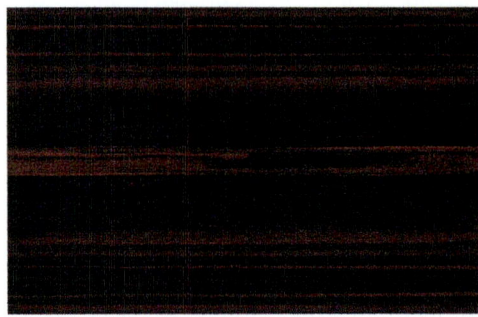

Madera de ébano

 **IMPORTANTE**

Dado que muchas especies de ébano se consideran amenazadas, el comercio internacional de ébano está regulado por el Convenio sobre el Comercio Internacional de Especies Amenazadas de Fauna y Flora Silvestres (CITES) para evitar la explotación excesiva y el tráfico ilegal.

2.12. Madera de tejo *(Taxus baccata)*

El tejo, un árbol longevo y misterioso que ha sido testigo de siglos de historia, es un símbolo de resistencia y vida eterna en la naturaleza. Su belleza serena y sus connotaciones culturales hacen que el tejo sea una presencia única en los bosques y las leyendas de muchas regiones del mundo. A continuación, puedes saber más sobre este árbol y su madera:

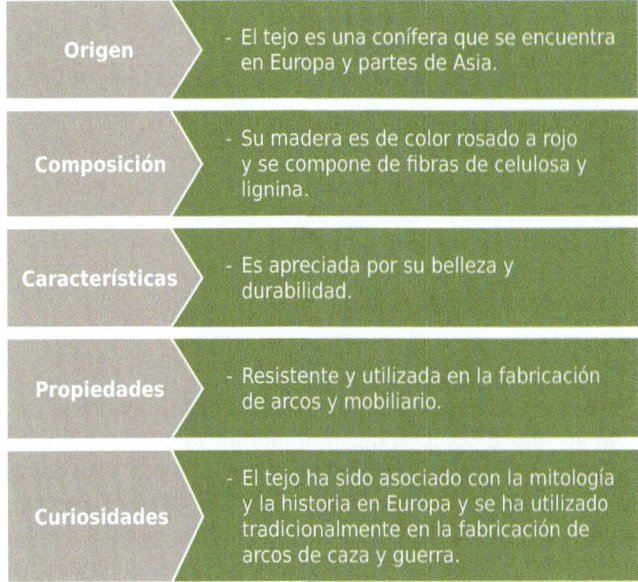

Origen	- El tejo es una conífera que se encuentra en Europa y partes de Asia.
Composición	- Su madera es de color rosado a rojo y se compone de fibras de celulosa y lignina.
Características	- Es apreciada por su belleza y durabilidad.
Propiedades	- Resistente y utilizada en la fabricación de arcos y mobiliario.
Curiosidades	- El tejo ha sido asociado con la mitología y la historia en Europa y se ha utilizado tradicionalmente en la fabricación de arcos de caza y guerra.

Los tejos son conocidos por ser árboles longevos. Algunos ejemplares de tejo han sobrevivido durante más de 2.000 años, lo que los convierte en algunos de los árboles más antiguos de Europa. La madera de tejo es dura, resistente y duradera.

Madera de tejo

SABÍAS QUE...

El tejo es uno de los pocos árboles que es altamente tóxico para los seres humanos y la mayoría de los animales. Toda la planta, excepto la carne de la baya carnosa que rodea la semilla, es venenosa. En algunas culturas antiguas, el tejo estaba relacionado con creencias sobre la vida después de la muerte, debido a su longevidad y la toxicidad de sus hojas y semillas. Esto lo convirtió en un símbolo de muerte y resurrección.

3. Uso sostenible de la madera

HILO CONDUCTOR

Después de años trabajando en la industria de la carpintería y la construcción, Juan ha llegado a comprender la importancia crucial del uso sostenible de la madera. Inspirado por su amor por la naturaleza y su compromiso con la conservación del medioambiente, ha decidido liderar un cambio en su negocio hacia prácticas más responsables con el planeta. Ha implementado técnicas de corte eficientes y cuando es posible, recicla y reutiliza productos de madera en desuso, dándoles una segunda vida en nuevos proyectos. Además se asegura de comprar madera con certificaciones reconocidas como el FSC y el PEFC, garantizando así que provenga de bosques de manera sostenible.

El uso sostenible de la madera es fundamental para garantizar la conservación de los bosques y el medioambiente en general. A continuación, se exponen algunas **claves** para utilizar la madera de manera sostenible:

- **Certificación forestal.** Busca madera con certificación forestal, como el FSC *(Forest Stewardship Council)* o el PEFC *(Programme for the Endorsement of Forest Certification)*. Estas certificaciones aseguran que la madera proviene de bosques gestionados de manera sostenible.
- **Preferencia por madera recuperada o reciclada.** Utiliza madera recuperada de fuentes como edificios antiguos, puentes o muebles en

desuso en lugar de madera nueva. Esto reduce la demanda de tala de árboles.

- **Elección de especies sostenibles.** Al seleccionar madera, opta por especies que crezcan rápidamente y sean adecuadas para el propósito deseado, lo que ayuda a reducir la presión sobre las especies de crecimiento lento y en peligro de extinción.
- **Reducción del desperdicio.** Minimiza el desperdicio de madera al planificar proyectos de construcción o fabricación con cuidado y utilizando técnicas de corte eficientes.
- **Reciclaje y reutilización.** Cuando ya no necesites productos de madera, recíclalos o reutilízalos en lugar de desecharlos. La madera se puede reciclar en productos nuevos o utilizarse para producir energía.
- **Uso de madera certificada en proyectos de construcción.** En proyectos de construcción, utiliza madera certificada y métodos de construcción sostenibles que minimicen la huella de carbono y el desperdicio.
- **Sustitución de materiales no sostenibles.** En algunos casos, la madera puede sustituir materiales no sostenibles, como plásticos o metales, en aplicaciones como envases, muebles y construcción.

 ## ACTIVIDAD COMPLEMENTARIA

10. Haz una búsqueda en internet de, al menos, tres empresas del sector de la madera que cumplan con la certificación forestal o tengan proyectos de reforestación.

 ## TAREA 10

Estás rehabilitando para tus hijos una vieja casita de madera que hicieron tus abuelos a tus padres. Necesita algunas tablas para el tejado y las paredes, y hay que sustituir algún pilar que está en mal estado.

¿Qué acciones podrías llevar a cabo para hacer la rehabilitación siendo respetuoso con el medioambiente y haciendo un uso sostenible de la madera?

----

4. Resumen

La madera tiene diferentes características y propiedades según su especie. Cada tipo de madera tiene sus propias cualidades, historia y usos, desde el roble duradero hasta el exótico ébano para instrumentos musicales. La madera también se relaciona con la mitología y la historia, como el uso del tejo en la fabricación de arcos de caza en Europa. En general, se subraya la riqueza y versatilidad de las especies de madera y la importancia de preservar estos recursos naturales.

Algunas de las características de cada especie son:

Especies de maderas	Características
Roble	Durabilidad y resistencia
Pino	Durabilidad y disponibilidad
Cedro	Resistencia a plagas y descomposición
Caoba	Belleza y resistencia
Arce	Belleza y resistencia
Nogal	Belleza, durabilidad y resistencia
Teca	Resistencia al agua y durabilidad
Abeto	Liviano y fácil de trabajar
Haya	Dureza y fácil de trabajar
Ébano	Dureza extrema y belleza
Olivo	Belleza y dureza
Tejo	Durabilidad y belleza

Además, se enfatiza la necesidad de prosperar en la sostenibilidad de esta materia prima. Algunas de las claves para utilizar la madera de manera sostenible son:

Certificación forestal

Preferencia por madera recuperada o reciclada

Elección de especies sostenibles

Reducción del desperdicio

Reciclaje y reutilización

Uso de madera certificada en proyectos de construcción

Sustitución de materiales no sostenibles

Ejercicios de autoevaluación
Unidad de Aprendizaje 10

1. Indica si la siguiente oración es verdadera o falsa: "La celulosa es un componente clave de la madera".

   ■ Verdadero
   ■ Falso

2. ¿De dónde es originaria la madera de caoba?

   a. América del Norte
   b. Europa
   c. América Central y del Sur
   d. Asia

3. El roble es conocido por su durabilidad y resistencia, lo que lo hace ideal para _____ y muebles de alta calidad.

   a. suelos
   b. puertas
   c. utensilios de cocina
   d. ventanas

4. ¿Cuál de las siguientes maderas es conocida por su belleza y se utiliza en muebles de alta calidad?

   a. Nogal
   b. Arce
   c. Abeto
   d. Haya

5. Indica si la siguiente oración es verdadera o falsa: "El abeto es comúnmente empleado como árboles de Navidad debido a su forma cónica".

   ■ Verdadero
   ■ Falso

6. ¿De dónde es originaria la madera de teca?

    a. Europa
    b. América del Norte
    c. Sudeste asiático
    d. África

7. Indica si la siguiente oración es verdadera o falsa: "La madera de roble es conocida por su color oscuro y grano uniforme".

    ■ Verdadero
    ■ Falso

8. ¿En qué región se encuentra la madera de tejo?

    a. Europa
    b. América del Norte
    c. África y Asia
    d. Mediterráneo

9. El ébano es una madera de color _____ con un grano visible.

    a. oscuro
    b. claro
    c. muy oscuro
    d. rojizo

10. ¿Cuál de las siguientes certificaciones forestales asegura que la madera proviene de bosques gestionados de manera sostenible?

    a. FSC *(Forest Stewardship Council)*
    b. PEFC *(Programme for the Endorsement of Forest Certification)*
    c. ISO 9001
    d. LEED

Certificación forestal y cadena de custodia

Contenido

Objetivos

El objetivo general de esta Unidad de Aprendizaje es:

→ Analizar la importancia de la gestión forestal sostenible y la cadena de custodia en el sector de la madera.

Los objetivos específicos de esta Unidad de Aprendizaje son:

→ Promover la gestión forestal sostenible.

→ Resaltar la importancia de la certificación forestal.

→ Comprender el papel de la cadena de custodia en la gestión forestal sostenible.

1. Introducción

El sector de la madera en España ha sido históricamente uno de los pilares de la economía y la cultura del país. La tradición de la carpintería y la ebanistería se remonta a siglos atrás y, hoy en día, España es uno de los principales productores de productos de madera y muebles en Europa. Sin embargo, la explotación no sostenible de los recursos forestales a lo largo de la historia planteó desafíos ambientales y sociales. La gestión forestal sostenible (GFS) y la certificación se han convertido en elementos esenciales para garantizar la continuidad y la responsabilidad en este sector.

La gestión forestal sostenible es una respuesta a la creciente preocupación por la degradación de los bosques y la pérdida de biodiversidad en todo el mundo. En España, al igual que en otros países, este enfoque se ha desarrollado para abordar los problemas ambientales, económicos y sociales asociados con la explotación de los recursos forestales. La GFS busca asegurar que los bosques se manejen de manera que se conserven a largo plazo, se respeten los derechos de las comunidades locales y se promueva la biodiversidad.

Los sistemas de certificación forestal son instrumentos clave en la implementación de la GFS. Estos establecieron estándares y criterios que deben cumplir los propietarios y gestores de bosques para demostrar que están operando de manera sostenible. La certificación garantiza que la madera y otros productos forestales provienen de bosques gestionados de manera responsable.

La cadena de custodia es un componente vital de la GFS y se refiere a la trazabilidad de la madera y otros productos forestales a lo largo de toda la cadena de suministro, desde la extracción en el bosque hasta el consumidor final. Asegura que los productos provienen de fuentes certificadas y que se han producido de manera sostenible.

En esta ocasión, la carpintería La Atarazana nos dará algunas claves de cómo funciona el sector de la madera y el mueble en España.

2. El sector de la madera y el mueble en España

☞ **HILO CONDUCTOR**

La historia de la carpintería La Atarazana encaja perfectamente en la rica tradición de la industria de la madera y el mueble en España. A lo largo de los años, esta empresa ha demostrado un profundo compromiso con la calidad, la sostenibilidad y la conservación de la madera. Su enfoque en la selección adecuada de la materia prima, el uso de técnicas tradicionales y la aplicación de teorías avanzadas en carpintería y estructuras de madera es un testimonio de la herencia artesanal española.

España tiene una rica tradición en la industria de la madera y el mueble, que se remonta siglos atrás. En la antigüedad, la madera se utilizaba, principalmente, para la construcción de viviendas, barcos y herramientas. Los romanos y los íberos eran conocidos por sus habilidades en la carpintería y la ebanistería. Durante la Edad Media, la madera se convirtió en un material esencial en la construcción de castillos, iglesias y otros edificios históricos. El gótico, el mudéjar y el estilo románico dejaron una huella importante en la ebanistería de la época. Con el auge del Imperio español, hubo un crecimiento significativo en la demanda de muebles y objetos de madera fina. La ebanistería española se convirtió en una de las más reconocidas de Europa, y se producían piezas elaboradas de alta calidad. Durante el siglo XIX, la Revolución Industrial introdujo la maquinaria y la producción en masa en la industria de la madera y el mueble. Esto permitió una mayor accesibilidad a los muebles y contribuyó al crecimiento de la industria. Ya en el siglo XX hubo un florecimiento del diseño de muebles en España.

Aquí tienes una descripción general de este sector:

◐ **Historia y tradición.** La industria de la madera y el mueble en España tiene profundas raíces históricas. La carpintería y la ebanistería española han producido piezas de mobiliario de alta calidad a lo largo de los años. Esta tradición artesanal ha influido en la estética y el diseño de los muebles españoles, que, a menudo, se caracterizan por su estilo único y elegante.

◐ **Producción y exportación.** España es un importante productor de productos de madera y muebles en Europa. El país cuenta con una variedad de empresas dedicadas a la explotación de madera, la fabricación de muebles y la exportación de productos de madera. Los principales destinos de las exportaciones de muebles españoles incluyen países de la Unión Europea, América del Norte y otros mercados internacionales.

- **Variedad de productos.** El sector de la madera y el mueble en España abarca una amplia gama de productos, desde muebles para el hogar y la oficina hasta componentes de carpintería, suelos de madera, productos de decoración y elementos estructurales. La diversidad de productos refleja la versatilidad de la industria y la capacidad de adaptarse a las tendencias del mercado.

- **Desarrollo sostenible.** En línea con las preocupaciones globales sobre la sostenibilidad, el sector de la madera y el mueble en España ha evolucionado para incorporar prácticas más sostenibles y responsables en la gestión de los recursos forestales. La certificación y la gestión forestal sostenible se han vuelto más comunes, lo que asegura que la madera proviene de fuentes sostenibles y se gestiona de manera responsable.

- **Diseño y creatividad.** España es conocida por su creatividad en el diseño de muebles y su capacidad para combinar la funcionalidad con la estética. El país alberga una amplia gama de diseñadores y empresas de muebles que producen piezas de diseño innovadoras y atractivas para el mercado nacional e internacional.

3. Origen de la gestión forestal sostenible (GFS)

☞ **HILO CONDUCTOR**

La gestión forestal sostenible (GFS) y la certificación son elementos cruciales en la actualidad para garantizar la responsabilidad en la explotación de los recursos forestales. A medida que España se ha adaptado a las prácticas sostenibles, la carpintería La Atarazana ha seguido este camino, asegurando que la madera utilizada en sus proyectos provenga de fuentes responsables. Además, su experiencia en la elección de madera basada en propiedades físicas y mecánicas demuestra su compromiso con la calidad y la durabilidad de sus proyectos.

La gestión forestal sostenible es un enfoque que busca equilibrar la explotación de los recursos forestales con la conservación a largo plazo de los bosques y la biodiversidad. El concepto de gestión forestal sostenible tiene sus raíces en la preocupación del ser humano por la sobreexplotación de los recursos forestales y la degradación del medioambiente que resultaron de prácticas forestales no sostenibles a lo largo de los siglos.

A continuación, veremos algunos **momentos importantes** en el desarrollo de la gestión forestal sostenible:

- **Silvicultura tradicional.** A lo largo de la historia, diversas sociedades han practicado la silvicultura tradicional, utilizando conocimientos y técnicas para gestionar y cosechar bosques de manera sostenible. Estos enfoques, a menudo, se basaban en la observación y la experiencia acumulada a lo largo de generaciones.
- **Conservacionismo del siglo XIX.** Durante el siglo XIX, se produjo un aumento en la preocupación por la conservación de los recursos naturales, incluidos los bosques. Figuras como George Perkins Marsh y John Muir abogaron por la protección de áreas naturales y la gestión responsable de los bosques.
- **Desarrollo de la silvicultura científica.** A finales del siglo XIX y principios del siglo XX, se desarrolló la silvicultura como una disciplina científica. Esto llevó a un mayor entendimiento de los procesos forestales y la importancia de gestionar los bosques de manera sostenible.
- **Conferencia de Río sobre el Medio Ambiente y el Desarrollo (1992).** En la Conferencia de las Naciones Unidas sobre el Medio Ambiente y el Desarrollo, también conocida como la Cumbre de la Tierra, se reconoció la importancia de la gestión sostenible de los recursos forestales. Esto llevó a la adopción del Capítulo 11 de la Agenda 21, que se centraba en la gestión sostenible de los bosques.
- **Principios y criterios de gestión forestal sostenible.** Organizaciones como el *Forest Stewardship Council* (FSC) y el Programa de Acreditación de Recursos Forestales (PEFC) desarrollaron estándares y principios para la gestión forestal sostenible. Estos sistemas de certificación permiten a los propietarios de bosques y empresas demostrar que están operando de manera sostenible.

APLICACIÓN PRÁCTICA

Tu hijo está haciendo un trabajo de ciencias naturales sobre el medioambiente, en el que explica qué actitudes y comportamientos debemos tener para preservar el medioambiente y cuidar de nuestros bosques, pero te pregunta cuándo se empezó a cuidar el medioambiente y los bosques. ¿Qué le responderías?

Continúa en página siguiente >>

<< Viene de página anterior

Solución

La Cumbre de la Tierra sobre Medio Ambiente y Desarrollo, también conocida como la Conferencia de Río, se llevó a cabo en Río de Janeiro, Brasil, en 1992. Durante esta conferencia, se tomaron medidas significativas para abordar la conservación de los bosques y la gestión sostenible de los recursos forestales. Uno de los resultados más destacados de la conferencia en este sentido fue la adopción del Capítulo 11 de la Agenda 21, que se centra en la ordenación de los bosques sostenibles.

---

4. Sistemas de certificación GFS

☞ HILO CONDUCTOR

Juan y su equipo de la carpintería La Atarazana demuestran su compromiso con la calidad y la sostenibilidad al elegir madera certificada por la *Forest Steward-ship Council* (FSC) y siguiendo la certificación ISO 14001, lo que contribuye a la conservación de los recursos naturales y al cumplimiento de estándares ambientales y sociales.

Los sistemas de certificación de gestión forestal sostenible (GFS) son programas que evalúan y certifican que las prácticas de manejo forestal en un área determinada cumplen con estándares específicos de sostenibilidad y responsabilidad ambiental, social y económica. Estos sistemas permiten a los propietarios de bosques, empresas forestales y otras partes interesadas poder demostrar su compromiso con la gestión sostenible de los recursos forestales.

Algunos de los **sistemas de certificación de GFS** más reconocidos a nivel mundial son:

- *Forest Stewardship Council* **(FSC).** El FSC es uno de los sistemas de certificación de GFS más conocidos y ampliamente utilizados en todo el mundo. Establece estándares rigurosos para la gestión forestal sostenible y la cadena de custodia de productos forestales, lo que incluye la madera y otros productos derivados de los bosques. El FSC promueve la conservación de la biodiversidad, el respeto de los derechos de las comunidades locales y pueblos indígenas, y la gestión responsable de los bosques.

○ **Programa de Acreditación de Recursos Forestales (PEFC).** PEFC es otro sistema de certificación global que trabaja para promover la gestión forestal sostenible. Aunque es menos conocido que el FSC, el PEFC opera en varios países y regiones y tiene sus propios estándares y criterios para la certificación de GFS.

○ **Sistema de Certificación de Manejo Forestal Sostenible (SFI).** Este sistema es ampliamente utilizado en América del Norte y se centra en la certificación de GFS en esa región. El SFI promueve prácticas de gestión forestal responsable y la conservación de la biodiversidad, entre otros objetivos.

○ **Certificación ISO 14001.** Aunque no es específica para la gestión forestal, la norma ISO 14001 es un sistema de gestión ambiental reconocido internacionalmente que algunas empresas y organizaciones utilizan para demostrar su compromiso con la sostenibilidad y la gestión responsable de los recursos naturales, incluyendo los bosques.

Estos sistemas de certificación GFS funcionan mediante la evaluación de las operaciones forestales y la cadena de custodia de productos forestales a través de auditorías y verificaciones realizadas por organizaciones y empresas independientes. Cuando se cumple con los estándares establecidos por estos sistemas, se otorgan certificados que indican que la gestión forestal en cuestión es sostenible y cumple con los principios de responsabilidad ambiental, social y económica. Los productos forestales certificados pueden llevar etiquetas que indican su origen sostenible, lo que ofrece a los consumidores la opción de apoyar la gestión forestal responsable.

'Reducir, reciclar, reutilizar', estas tres acciones son estrategias clave para minimizar el impacto ambiental y contribuir a la conservación de recursos naturales.

5. Alcance de la gestión forestal sostenible

☞ **HILO CONDUCTOR**

La gestión forestal sostenible es un enfoque interdisciplinario que aborda aspectos ambientales, sociales y económicos para garantizar que los bosques se utilicen de manera responsable y se conserven a largo plazo. La labor de Juan y su equipo en la carpintería La Atarazana, ejemplifica este compromiso con la sostenibilidad y la conservación de los recursos naturales. También promueven la educación y la sensibilización sobre la importancia de los bosques y la gestión responsable de los recursos forestales. Esto fomenta la participación del público y genera clientes nuevos concienciados con la sostenibilidad.

El alcance de la gestión forestal sostenible es amplio y abarca diversos aspectos relacionados con la conservación y el uso responsable de los recursos forestales. Los principales **ámbitos de aplicación de la gestión forestal sostenible** son:

- **Conservación de la biodiversidad.** La GFS busca proteger y conservar la diversidad biológica de los ecosistemas forestales, incluyendo la flora y la fauna. Esto implica la preservación de hábitats naturales, la promoción de especies nativas y la prevención de la extinción de especies en peligro.
- **Manejo sostenible de los bosques.** La GFS implica la gestión responsable y equitativa de los recursos forestales, asegurando que los bosques puedan mantenerse productivos a lo largo del tiempo sin agotar sus recursos. Esto incluye la planificación de la cosecha de madera, la regeneración forestal y la protección contra incendios y plagas.
- **Ciclo del carbono.** Los bosques juegan un papel fundamental en el ciclo del carbono y la mitigación del cambio climático. La GFS aborda la captura y almacenamiento de carbono en los bosques, promoviendo prácticas que reduzcan las emisiones de gases de efecto invernadero y aumenten la capacidad de los bosques para actuar como sumideros de carbono.
- **Beneficios sociales y económicos.** La GFS busca asegurar que las comunidades locales que dependen de los bosques puedan beneficiarse económicamente de manera sostenible, ya sea a través de la recolección de productos forestales no madereros, la silvicultura comunitaria o el ecoturismo.

- **Derechos de las comunidades y pueblos indígenas.** La GFS reconoce y respeta los derechos de las comunidades locales y los pueblos indígenas en la gestión de los recursos forestales. Esto incluye la consulta y el consentimiento previo informado, así como la participación activa en la toma de decisiones sobre el manejo de los bosques que les afectan.
- **Certificación y estándares.** La GFS ha llevado al desarrollo de sistemas de certificación, como el *Forest Stewardship Council* (FSC) y el Programa de Acreditación de Recursos Forestales (PEFC), que permiten a las empresas y propietarios de bosques demostrar que cumplen con los estándares de sostenibilidad.
- **Educación y sensibilización.** La GFS promueve la educación y la sensibilización sobre la importancia de los bosques y la gestión responsable de los recursos forestales, fomentando la participación pública en la conservación y el manejo de los bosques.

El alcance de la GFS es interdisciplinario y abarca aspectos ambientales, sociales y económicos, con el objetivo de equilibrar la explotación de los recursos forestales con su conservación a largo plazo.

6. Cadena de custodia

☞ HILO CONDUCTOR

Juan es consciente de la complejidad que tiene asegurar que toda la madera que compra en el almacén es realmente madera de producción sostenible. Por eso confía en el etiquetado y la documentación que le entregan en el almacén, ya que viene avalada por las principales empresas dedicadas a controlar la cadena de custodia. Esto garantiza a sus clientes que los materiales que utilizan en la carpintería La Atarazana son responsables con el medioambiente.

La cadena de custodia es un componente importante en la gestión forestal sostenible, especialmente en el contexto de la certificación de sistemas como el *Forest Stewardship Council* (FSC) y el Programa de Acreditación de Recursos Forestales (PEFC). La cadena de custodia se refiere al rastreo y documentación de productos forestales desde su origen en un bosque certificado hasta su llegada al consumidor final, o cualquier punto intermedio en la cadena de suministro.

A continuación, se explican los **aspectos clave** de la cadena de custodia en la gestión forestal sostenible:

- **Registro y seguimiento.** La cadena de custodia comienza con la recolección de datos precisos sobre la procedencia de la madera u otros productos forestales certificados. Esto implica documentar el origen del material, su cantidad, fecha de cosecha, entre otros detalles importantes.
- **Procesamiento y fabricación.** A medida que la madera o los productos forestales certificados avancen en la cadena de suministro, se deben mantener registros detallados de su procesamiento y fabricación. Esto puede incluir información sobre la transformación de la materia prima en productos acabados, como muebles, papel o productos de construcción.
- **Almacenamiento y transporte.** Los productos forestales certificados, a menudo, se almacenan y transportan a través de varios puntos en la cadena de suministro. Durante este proceso, es fundamental mantener la trazabilidad y asegurarse que no se mezclen con productos no certificados.
- **Etiquetado y comunicación.** Los productos forestales certificados suelen llevar etiquetas o sellos que indican su origen sostenible. La cadena de custodia garantiza que estos productos sean auténticos y que los consumidores puedan confiar en la información proporcionada.
- **Auditoría y verificación.** La cadena de custodia es verificada a través de auditorías periódicas realizadas por instituciones o empresas independientes, que garantizan que se cumplen los estándares de gestión forestal sostenible en cada paso de la cadena de suministro.

La cadena de custodia es esencial para garantizar que los productos forestales certificados mantengan su integridad a lo largo de la cadena de suministro y lleguen a los consumidores con la garantía de que provienen de bosques gestionados de manera sostenible.

 TAREA 11

Te han encargado la instalación de las vigas de carga que soportarán el peso de la cubierta de una piscina municipal climatizada. Son vigas muy grandes de madera laminada encolada. Estás muy concienciado con el medioambiente y quieres que las vigas sean de madera de gestión forestal sostenible. ¿Qué documentación debe traer la madera de producción forestal sostenible? ¿Cómo puedes estar seguro de que es así?

7. Sistemas de certificación de cadena de custodia

☞ HILO CONDUCTOR

En la carpintería La Atarazana saben que los mejores sistemas para garantizar la cadena de custodia de todas las maderas que compran son el *Forest Stewardship Council* (FSC) y el Programa de Acreditación de Recursos Forestales (PEFC). Estos sistemas son reconocidos mundialmente por sus buenas prácticas, su rigurosidad y su compromiso con el medioambiente. También saben que, al ser tan reconocidos, sus clientes están tranquilos con la madera utilizada en sus trabajos.

- -

En la cadena de custodia de la gestión forestal sostenible se aplican, principalmente, dos sistemas de certificación reconocidos a nivel global: el *Forest Stewardship Council* (FSC) y el Programa de Acreditación de Recursos Forestales (PEFC), los cuales están diseñados para rastrear y garantizar la sostenibilidad de los productos forestales a medida que avanzan a lo largo de la cadena de suministro, desde el bosque de origen hasta los productos finales en el mercado.

A continuación, verás una descripción de cada uno:

➲ *Forest Stewardship Council* (FSC):

- ◌ **Historia y fundación:** el FSC fue fundado en 1993 como una respuesta a la preocupación por la deforestación y la degradación de los bosques en todo el mundo. Surgió de un proceso colaborativo que involucró a gobiernos, ONG, comunidades locales y la industria forestal.
- ◌ **Misión:** la misión del FSC es promover la gestión forestal sostenible y es responsable en todo el mundo. Busca equilibrar la explotación de los recursos forestales con la conservación de la biodiversidad, la protección de los derechos de los trabajadores y las comunidades locales, y la gestión adecuada de los bosques.
- ◌ **Estructura y estándares:** el FSC opera a nivel global y se compone de varias oficinas nacionales y regionales. Establece estándares y criterios para la gestión forestal sostenible, así como para la cadena de custodia de productos forestales. Estos estándares se revisan y actualizan periódicamente.

- ◔ **Certificación de cadena de custodia:** el FSC certifica la cadena de custodia de productos forestales para garantizar que los productos provienen de fuentes gestionadas de manera sostenible. Esto incluye la verificación de que los productos se mantienen separados de los no certificados a lo largo de la cadena de suministro.
- ◔ **Etiquetas y sellos FSC:** los productos que cumplen con los estándares del FSC pueden llevar etiquetas y sellos FSC, lo que permite a los consumidores identificar productos que provienen de bosques gestionados de manera sostenible.

⊃ **Programa de Acreditación de Recursos Forestales (PEFC):**

- ◔ **Historia y fundación:** el PEFC se fundó en 1999 como respuesta a la necesidad de una alternativa a nivel internacional al FSC. A diferencia del FSC, el PEFC no se originó en una conferencia de la ONU, sino que se desarrolló de manera independiente.
- ◔ **Misión:** el PEFC tiene como objetivo promover la gestión forestal sostenible y la cadena de custodia de productos forestales a nivel global. Busca asegurar que los bosques se gestionen de manera responsable y sostenible.
- ◔ **Estructura y estándares:** el PEFC opera en más de 50 países y regiones y se compone de sistemas nacionales y regionales que adaptan los estándares a las condiciones locales. El PEFC establece estándares para la gestión forestal sostenible y la cadena de custodia.
- ◔ **Certificación de cadena de custodia:** al igual que el FSC, el PEFC certifica la cadena de custodia de productos forestales, lo que garantiza que los productos sean rastreables y provengan de fuentes gestionadas de manera sostenible.
- ◔ **Etiquetas y sellos PEFC:** los productos que cumplen con los estándares del PEFC pueden llevar etiquetas y sellos PEFC, lo que permite a los consumidores identificar productos forestales que cumplen con las normas de sostenibilidad.

Tanto el FSC como el PEFC juegan un papel crucial en la promoción de la gestión forestal sostenible y la comercialización de productos forestales responsables. Sus programas de certificación de cadena de custodia ayudan a garantizar que los productos provienen de fuentes sostenibles y que los consumidores pueden tomar decisiones informadas al comprar productos forestales.

ACTIVIDAD COMPLEMENTARIA

11. Haz una búsqueda en fuentes externas de, al menos, tres proyectos de construcción en los que se haya utilizado madera certificada de Gestión Forestal Sostenible (GFS).

8. Resumen

El sector de la madera en España tiene una larga historia que se remonta siglos atrás, y ha sido un pilar de la economía y la cultura del país. La tradición de la carpintería y la ebanistería se ha transmitido de generación en generación y, a día de hoy, España es uno de los principales productores de productos de madera y muebles en Europa. Sin embargo, a lo largo de la historia, la explotación no sostenible de los recursos forestales planteó desafíos ambientales y sociales. Para abordar estos problemas, la gestión forestal sostenible (GFS) y la certificación se han vuelto esenciales para garantizar la continuidad de este sector.

En España, al igual que en otros países, este enfoque se ha desarrollado para abordar los problemas ambientales, económicos y sociales asociados con la explotación de los recursos forestales. Los sistemas de certificación forestal son instrumentos clave en la implementación de la GFS. Estos sistemas establecen estándares y criterios que deben cumplir los propietarios y gestores de bosques para demostrar que están operando de manera sostenible. La cadena de custodia es un componente vital de la GFS y asegura que los productos provienen de fuentes certificadas y que se han producido de manera sostenible.

Certificación forestal y cadena de custodia
- Origen de la gestión forestal sostenible (GFS)
- Sistemas de certificación de la GFS
- Alcance de la gestión forestal sostenible
- Cadena de custodia
- Sistemas de certificación de cadena de custodia

Ejercicios de autoevaluación
Unidad de Aprendizaje 11

1. Indica si la siguiente oración es verdadera o falsa: "La gestión forestal sostenible busca garantizar la explotación a corto plazo de los recursos forestales".

   ■ Verdadero
   ■ Falso

2. ¿Cuál es uno de los ámbitos de aplicación de la gestión forestal sostenible?

   a. Agricultura
   b. Minería
   c. Conservación de la biodiversidad
   d. Energía nuclear

3. Indica si la siguiente oración es verdadera o falsa: "España es uno de los principales productores de productos de madera y muebles en Europa".

   ■ Verdadero
   ■ Falso

4. ¿Qué sistema de certificación de gestión forestal sostenible es uno de los más conocidos y ampliamente utilizados en todo el mundo?

   a. PEFC
   b. ISO 14001
   c. SFI
   d. FSC

5. Indica si la siguiente oración es verdadera o falsa: "La cadena de custodia se refiere al rastreo y documentación de productos forestales desde su origen en un bosque certificado hasta su llegada al consumidor final".

   ■ Verdadero
   ■ Falso

6. ¿Cuál de los siguientes sistemas de certificación GFS opera en más de 50 países y regiones y se compone de sistemas nacionales y regionales que adaptan los estándares a las condiciones locales?

    a. *Forest Stewardship Council* (FSC)
    b. Programa de Acreditación de Recursos Forestales (PEFC)
    c. Certificación ISO 14001
    d. Silvicultura tradicional

7. Indica si la siguiente oración es verdadera o falsa: "La gestión forestal sostenible solo se enfoca en aspectos ambientales, sin considerar factores sociales y económicos".

    ■ Verdadero
    ■ Falso

8. ¿Qué aspecto clave de la cadena de custodia se refiere a la recolección de datos precisos sobre la procedencia de la madera u otros productos forestales certificados?

    a. Procesamiento y fabricación
    b. Registro y seguimiento
    c. Almacenamiento y transporte
    d. Etiquetado y comunicación

9. Indica si la siguiente oración es verdadera o falsa: "Los sistemas de certificación GFS permiten a las empresas y propietarios de bosques demostrar que cumplen con los estándares de sostenibilidad y responsabilidad ambiental, social y económica".

    ■ Verdadero
    ■ Falso

10. ¿Cuál de los siguientes no es un sistema de certificación de gestión forestal sostenible?

    a. Certificación ISO 14001
    b. *Forest Stewardship Council* (FSC)
    c. Programa de Acreditación de Recursos Forestales (PEFC)
    d. Sistema de Certificación de Manejo Forestal Sostenible (SFI)

Marcado CE

Contenido

Objetivos

El objetivo general de esta Unidad de Aprendizaje es:

→ Adquirir una comprensión completa del marcado CE.

Los objetivos específicos de esta Unidad de Aprendizaje son:

→ Comprender el propósito y la relevancia del marcado CE en la Unión Europea.

→ Conocer los procesos de evaluación de conformidad utilizados en el marcado CE.

→ Analizar el proceso para la obtención del marcado CE.

1. Introducción

El marcado CE es un símbolo de gran importancia en el ámbito de la Unión Europea, que indica que un producto cumple con los estándares de seguridad, salud y medioambiente requeridos para su comercialización y uso en el Espacio Económico Europeo (EEE). Este marcado es obligatorio para una amplia gama de productos, desde maquinaria industrial hasta productos de consumo, y su presencia en un artículo es la garantía de que el fabricante ha realizado una evaluación rigurosa de conformidad con las normativas europeas aplicables.

La introducción del marcado CE, en 1985, marcó un hito en la estandarización y armonización de la regulación de productos en la Unión Europea, permitiendo la libre circulación de bienes dentro de los Estados miembros y garantizando un alto nivel de protección para los consumidores y trabajadores. En este sentido, el marcado CE es un componente clave de la estrategia de la Unión Europea para promover la seguridad y la calidad de los productos, al tiempo que fomenta la competitividad de las empresas en el mercado único europeo.

Como hasta ahora, Juan y su equipo de la carpintería La Atarazana, nos explicarán con sus experiencias todo lo que necesitamos saber sobre el marcado CE.

2. Antecedentes y disposiciones legales

☞ HILO CONDUCTOR

En la carpintería La Atarazana llevan tiempo fabricando productos en serie para dar el salto a otros mercados. Están recopilando información y han llegado a la conclusión de que deben obtener el marcado CE. Van a estudiar qué deben hacer para poder obtenerlo.

El marcado CE, abreviatura de *Conformité Européenne,* es un sistema de certificación y etiquetado de conformidad que se introduce como parte del proceso de unificación del mercado europeo. Tiene sus raíces en las décadas de 1980 y 1990, cuando la Comunidad Económica Europea (CEE) tomó medidas técnicas para eliminar las barreras comerciales que obstaculizaban la libre circulación de productos en el mercado único europeo. A continuación, veremos los **antecedentes clave** y las **disposiciones legales** asociadas al marcado CE:

- **Acta Única Europea (1986).** El Acta Única Europea fue un hito importante en el proceso de integración europea. Estableció el objetivo de crear un mercado único en Europa eliminando las barreras comerciales. En este contexto, se abordan las barreras técnicas al comercio, lo que condujo al desarrollo del Marcado CE.
- **Directiva 93/68/CEE (1993).** Esta directiva impulsó el Marco Comunitario para el Marcado CE. Proporcionó las pautas generales para el uso de la marca y confirmó la obligación de los Estados miembros de la UE de transponer y aplicar las directivas específicas para diferentes productos, que definen los requisitos técnicos y los procedimientos de evaluación de la conformidad.
- **Directivas de producto específicas.** A lo largo de los años, la UE ha emitido numerosas directivas específicas para diferentes categorías de productos, como productos de construcción, maquinaria, equipos eléctricos, juguetes, dispositivos médicos y muchos otros. Estas directivas detallan los requisitos técnicos específicos y los procedimientos de evaluación de la conformidad para cada tipo de producto.
- **Reglamento (UE) 765/2008 (2008).** Este reglamento establece un marco para la acreditación y la vigilancia del mercado en relación con la comercialización de productos y garantiza la coherencia en la aplicación de las directivas de producto específicas.
- **Normas técnicas armonizadas.** En el contexto del Marcado CE, se utilizan normas técnicas armonizadas que se desarrollan para cada categoría de producto. Estas normas son voluntarias, pero cumplir con ellas proporciona una presunción de conformidad con los requisitos esenciales de las directivas específicas.

En general, el marcado CE es un proceso que requiere que los fabricantes evalúen sus productos para garantizar que cumplan con los estándares y requisitos de seguridad, salud y medioambiente establecidos por la legislación europea. A través de este sistema, la Unión Europea busca promover la libre circulación de productos, mejorar la protección del consumidor y facilitar el acceso al mercado europeo para los fabricantes, contribuyendo a la competitividad y la calidad de los productos en Europa.

3. Marcado CE

☞ **HILO CONDUCTOR**

Juan y su equipo creían que el marcado CE era tan solo un sello de calidad que imponía la Unión Europea para comercializar productos. Ahora, tras informarse, han descubierto que no es un sello de calidad, pero establece unos estándares de seguridad para el usuario y busca la uniformidad de criterios de seguridad en toda la unión. También da acceso a todo el mercado europeo y esto resulta muy interesante para su idea de expandir la empresa.

El marcado CE es un símbolo de conformidad obligatorio para una amplia gama de productos en el Espacio Económico Europeo (EEE) y, aunque puede parecer un tema técnico, hay datos significativos asociados con este sistema de certificación que debes conocer a fondo.

A continuación, veras algunos **aspectos importantes** que se deben tener en cuenta:

- **Establece un estándar de seguridad.** El Marcado CE se basa en la idea de garantizar la seguridad de los productos. Esto significa que los productos con el Marcado CE deben cumplir con los estándares de seguridad establecidos por la legislación europea, lo que beneficia a los consumidores al garantizar que los productos son seguros para su uso.
- **Promueve la libre circulación de productos.** El Marcado CE fue creado para eliminar barreras técnicas al comercio y facilitar la libre circulación de productos en el mercado único europeo. Esto contribuye a la integración económica y al crecimiento del comercio entre los países de la Unión Europea.
- **No es un signo de calidad.** Aunque el Marcado CE garantiza la conformidad con los estándares de seguridad, no indica la calidad, durabilidad o rendimiento de un producto. Su objetivo principal es la seguridad y la salud del usuario.
- **Etiqueta no permanente.** A diferencia de otros logotipos y etiquetas de calidad, el Marcado CE no es permanente. No significa que un producto cumpla con los estándares de manera indefinida. Los fabricantes deben mantener la conformidad a lo largo del ciclo de vida del producto.
- **Diferencias por categoría de producto.** Las especificaciones técnicas y los requisitos para el Marcado CE varían según la categoría de producto.

Los electrónicos, por ejemplo, siguen requisitos diferentes a los productos de construcción.

● **Marcado CE falso o incorrecto.** La falsificación o el uso incorrecto del Marcado CE es una infracción grave. Las autoridades de la UE están comprometidas en combatir esto y tomar medidas legales contra los infractores.

● **Acceso al mercado europeo.** Obtener el Marcado CE es un requisito fundamental para los fabricantes que desean acceder al mercado europeo. Sin él, los productos pueden no ser aceptados o comercializados en la UE.

El marcado CE es un sistema que afecta tanto a fabricantes como a consumidores, y su objetivo de garantizar la seguridad de los productos comercializados en la Unión Europea lo convierte en un elemento esencial para la protección del consumidor y el funcionamiento del mercado único europeo.

El marcado CE se puede hacer en varios formatos, pero todos deben llevar este diseño de letras tan característico.

4. Especificaciones técnicas

👉 HILO CONDUCTOR

Ahora hay que ponerse manos a la obra. Juan ha contratado los servicios de una empresa especializada que les ayudará a gestionar el marcado CE. Deben cumplir requisitos esenciales de las directivas europeas pertinentes, deben someter sus productos a una evaluación de la conformidad y preparar toda la documentación que les vaya requiriendo esta empresa. Esto es una carrera de fondo que Juan y su equipo de la carpintería La Atarazana están dispuestos a correr.

El marcado CE es un símbolo de conformidad obligatorio que se aplica a una amplia gama de productos vendidos en el Espacio Económico Europeo (EEE), que incluye a los Estados miembros de la Unión Europea (UE) y algunos otros estados asociados.

Aquí hay algunos **puntos clave** sobre el marcado CE:

- **Conformidad con la legislación europea.** El Marcado CE indica que un producto cumple con los requisitos esenciales de las directivas europeas pertinentes. Estas abarcan una amplia gama de productos, desde maquinaria y dispositivos médicos hasta juguetes y productos de construcción.
- **Evaluación de la conformidad.** Los fabricantes deben someter sus productos a una evaluación de conformidad que puede incluir pruebas de laboratorio, documentación técnica y otros procedimientos específicos. Esto demuestra que el producto cumple con los requisitos técnicos y de seguridad aplicables.
- **Obligación de los fabricantes.** Los fabricantes son responsables de garantizar que sus productos cumplan con los estándares. Deben crear un archivo técnico que contenga la documentación requerida y tomar las medidas necesarias para cumplir con las directivas aplicables.
- **Obligación de los importadores y distribuidores.** Los importadores y distribuidores también tienen responsabilidades en el proceso de Marcado CE. Deben asegurarse de que los productos que se ponen en el mercado cumplen con las directivas y que mantienen registros de conformidad.
- **Uso de normas técnicas armonizadas.** En muchos casos, se utilizan normas técnicas armonizadas para evaluar la conformidad de los productos. Estas proporcionan especificaciones detalladas para los productos y sus características.
- **Documentación y declaración de conformidad.** Los productos que llevan el Marcado CE deben ir acompañados de una declaración de conformidad (DoC) que informa a los usuarios sobre la conformidad del producto con las directivas pertinentes. Además, se debe mantener un archivo técnico completo que respalde esta declaración.

5. Alcance del marcado de CE

☞ **HILO CONDUCTOR**

Deben comenzar por identificar su producto dentro de una categoría específica y así poder saber qué tipo de normativas deben cumplir y qué requisitos concretos son necesarios para la obtención del marcado CE.

El marcado CE se aplica a una amplia gama de productos en diversas categorías, y el alcance de su aplicación puede variar según las directivas específicas de la Unión Europea. Algunas de las categorías de productos cubiertos por el marcado CE incluyen:

- **Equipos eléctricos y electrónicos.** Esto abarca productos como electrodomésticos, dispositivos de iluminación, equipos de telecomunicaciones, productos informáticos y otros dispositivos eléctricos y electrónicos.
- **Maquinaria industrial.** Incluye máquinas y equipos utilizados en la industria, desde maquinaria pesada hasta herramientas eléctricas.
- **Productos de construcción.** Los productos relacionados con la construcción, como materiales de construcción, ventanas, puertas, ascensores, escaleras mecánicas, etc.
- **Productos de protección personal.** Aquí se incluyen cascos, gafas de seguridad, guantes, ropa de protección y otros equipos diseñados para proteger la salud y la seguridad del usuario.
- **Productos químicos.** Sustancias químicas y mezclas peligrosas, como productos químicos industriales, productos químicos domésticos, productos químicos agrícolas, etc.
- **Productos médicos.** Dispositivos médicos, incluidos equipos médicos, dispositivos de diagnóstico in vitro y productos farmacéuticos.
- **Juguetes.** Todos los juguetes destinados a niños, independientemente de su tipo o tamaño.
- **Productos de consumo.** Esto puede incluir una amplia variedad de productos, desde productos de cuidado personal (como secadores de pelo o cepillos de dientes eléctricos) hasta equipos deportivos y de ocio.
- **Embarcaciones marítimas y equipos marinos.** Incluye embarcaciones de recreo, productos de navegación y equipos utilizados en entornos marítimos.
- **Equipos de juego y áreas de juego.** Esto cubre equipos de juego al aire libre, como parques infantiles y equipos de gimnasia al aire libre.

- **Productos relacionados con la energía.** Incluye calderas, paneles solares, equipos de calefacción y refrigeración, y otros productos relacionados con la eficiencia energética.
- **Productos de radio y telecomunicaciones.** Incluye dispositivos de radio, teléfonos móviles, equipos de telecomunicaciones, etc.
- **Equipos de presión y recipientes a presión.** Productos que contienen sustancias a presión, como cilindros de gas.
- **Productos relacionados con la seguridad y la señalización.** Esto puede incluir sistemas de alarma, señalización de seguridad y dispositivos de extinción de incendios.

IMPORTANTE

En algunos casos, los fabricantes pueden recurrir a organismos de evaluación de la conformidad de terceros para verificar que sus productos cumplen con los estándares del marcado CE. Estos organismos emiten certificados de conformidad.

Estas son solo algunas de las categorías de productos que pueden requerir el marcado CE. Cada categoría está regulada por directivas específicas de la UE, y los fabricantes deben cumplir con los requisitos y procedimientos de evaluación de la conformidad correspondientes antes de poder colocar sus productos en el mercado europeo con el marcado CE.

NOTA

Después de la salida del Reino Unido de la UE (Brexit), el marcado CE ya no es válido para los productos destinados al mercado británico. En su lugar, se requiere el marcado UKCA *(Reino Unido Conformity Assessed)* para productos vendidos en el Reino Unido.

El cumplimiento del marcado CE no termina después de que el producto se haya colocado en el mercado. Los fabricantes deben seguir monitoreando el producto y respondiendo a problemas de seguridad y salud a lo largo de su vida útil.

APLICACIÓN PRÁCTICA

Has desarrollado junto a unos compañeros un nuevo producto, bolígrafos de madera. Quieres conseguir para este producto un sello de calidad y habéis pensado en el marcado CE. ¿Es una buena opción?

Solución

El marcado CE no es un sello de calidad en sí mismo, sino que es una declaración del fabricante de que el producto cumple con las normas y directivas europeas aplicables y que ha sido evaluado y probado según esos estándares. Por lo tanto, el marcado CE no garantiza la calidad o el rendimiento del producto en términos de sus características o prestaciones, sino que se centra, principalmente, en aspectos relacionados con la seguridad y la conformidad con los requisitos legales de la UE. Su objetivo principal es la seguridad y la salud del usuario.

6. Normas armonizadas para los productos de madera

☞ HILO CONDUCTOR

Esta empresa dedicada a la obtención del marcado CE informa a Juan y su equipo de la carpintería La Atarazana que su producto, al ser de madera, debe cumplir con el Reglamento de la UE 995/2010, que se encarga de regular que la madera utilizada se obtiene de manera legal. Además, al ser productos de construcción, deben cumplir con la directiva de Productos de la Construcción (89/106/CEE). Están hasta arriba de trabajo y estos trámites les quitan tiempo, pero entienden que es lo mejor para su empresa.

Para los productos de madera que se venden en la Unión Europea (UE) y que requieren el marcado CE, existen normas armonizadas y directivas específicas que establecen los requisitos de seguridad y salud que deben cumplir estos productos. Estas normas armonizadas varían según el tipo de producto y su uso previsto.

Es importante tener en cuenta que las normas armonizadas y las directivas pueden cambiar con el tiempo, por lo que siempre es esencial consultar la documentación oficial y las fuentes actualizadas.

Algunas de las **normas y directivas** comunes relacionadas con productos de madera incluyen:

- **Directiva de Juguetes (2009/48/CE).** Esta directiva establece los requisitos de seguridad y salud que deben cumplir los juguetes de madera y otros tipos de juguetes destinados a niños. Las normas armonizadas específicas para los juguetes, como la EN 71, establecen los requisitos técnicos detallados.
- **Directiva de Productos de la Construcción (89/106/CEE).** Esta directiva es relevante para productos de construcción de madera, como vigas, tableros, paneles, ventanas y puertas de madera. Las normas armonizadas, como la EN 14080 para madera estructural, establecen requisitos de rendimiento y calidad.
- **Directiva de Muebles (87/404/CEE).** Aunque esta directiva ya no está en vigor, muchos productos de mobiliario de madera aún deben cumplir con los requisitos de seguridad y salud de la UE. Las normas armonizadas, como la EN 14749 para muebles, son relevantes en este caso.
- **Directiva sobre envases de madera (2005/20/CE).** Esta directiva se aplica a los envases de madera utilizados en el transporte de mercancías. Los requisitos para estos envases se establecen en la Norma Internacional para Medidas Fitosanitarias No. 15 (NIMF 15).
- **Reglamento de la Madera (Reglamento de la UE 995/2010).** Este reglamento, también conocido como el Reglamento de Madera de la UE (EUTR, por sus siglas en inglés), regula la comercialización de madera y productos de madera en la UE. Su objetivo es prevenir la comercialización de madera ilegal. Las empresas que comercializan productos de madera en la UE deben establecer sistemas de diligencia debida para garantizar que la madera se obtiene legalmente.

 TAREA 12

Tras dos años vendiendo tus juguetes de madera en mercadillos locales y ferias medievales, has decidido dar el salto al mercado nacional, y por qué no, al mercado europeo. ¿Qué pasos debes seguir en fabrica para obtener el marcado CE?

7. Sistemas de evaluación de conformidad

☞ HILO CONDUCTOR

Ya queda menos. En la carpintería La Atarazana están dando horas extras para poder sacar el trabajo adelante y seguir con toda la tramitación del marcado CE. Acaban de conseguir la norma ISO 9001. Juan y su equipo están muy contentos, esto marcha.

La evaluación de conformidad es un proceso clave para el marcado CE, y hay varios sistemas de evaluación de conformidad que los fabricantes pueden utilizar, dependiendo del tipo de producto y los riesgos asociados.

Los principales **sistemas de evaluación de conformidad** del marcado CE incluyen:

- **Autoevaluación.** En algunos casos, los fabricantes pueden autocertificar que su producto cumple con los requisitos de la UE y aplicar el marcado CE por sí mismos. Esto es aplicable a productos de bajo riesgo y que siguen normativas menos estrictas. Sin embargo, los fabricantes deben mantener la documentación adecuada que respalde su conformidad.
- **Evaluación interna de la calidad.** Algunos productos, especialmente los de construcción, requieren un sistema de garantía de calidad, según normas específicas, como la norma ISO 9001. Esto implica que el fabricante debe establecer y mantener un sistema de gestión de calidad documentado que garantiza que los productos cumplan con los requisitos de la UE de manera constante. Un organismo notificado puede participar en la auditoría y certificación de este sistema de gestión de calidad.
- **Evaluación de tipo.** Para productos de mayor riesgo, es necesario involucrar a un organismo notificado, que es una entidad independiente designada por un país miembro de la UE para llevar a cabo la evaluación de conformidad. El fabricante debe enviar muestras representativas de su producto y documentación técnica al organismo notificado para su evaluación. Si el producto cumple con los requisitos, se emite un certificado de conformidad de tipo.
- **Evaluación del sistema de calidad del fabricante.** En algunos casos, se requiere una evaluación del sistema de calidad del fabricante para garantizar que se cumplen las normas y los procedimientos de producción adecuados. Esto se aplica a productos médicos, dispositivos electrónicos, etc.

- **Verificación continua.** Después de la obtención del marcado CE, los fabricantes pueden estar sujetos a controles y evaluaciones regulares para garantizar que los productos continúen cumpliendo con los requisitos de seguridad y calidad.
- **Certificación de tercera parte.** En algunos casos, los productos deben ser evaluados y certificados por un organismo notificado independiente antes de poder llevar el marcado CE. Esto es común para productos como equipos de protección personal, maquinaria industrial, dispositivos médicos, etc.

IMPORTANTE

Es importante destacar que los procedimientos específicos de evaluación de conformidad varían según la directiva o reglamento de la UE que se aplica al producto en cuestión. Algunos productos pueden estar sujetos a múltiples directivas o reglamentos, lo que hace que el proceso sea más complejo.

8. Control de producción en fábrica

☞ HILO CONDUCTOR

El equipo de la carpintería La Atarazana está exhausto. Llevan meses trabajando para conseguir su objetivo. Tras hacer una evaluación de riesgos, algunas pruebas y ensayos y preparar toda la documentación, han conseguido el marcado CE. Están felices por el trabajo realizado y saben que acaban de dar un gran salto en la consolidación de su empresa. Les esperan nuevos retos y un gran futuro. Sin duda, es la recompensa a muchos años de trabajo duro y bien hecho.

Para asegurar el control de producción en una fábrica y garantizar que los productos marcados con CE cumplan con estas normativas, es importante seguir ciertos **pasos y prácticas** clave:

- **Diseño y desarrollo del producto.** Asegúrese de que el diseño y el desarrollo del producto cumplan con las normativas aplicables de la Unión Europea. Esto implica conocer los requisitos específicos para tu tipo de producto y realizar pruebas y evaluaciones necesarias durante la fase de diseño.
- **Identificación de los requisitos de conformidad.** Identifica las directivas y regulaciones específicas de la UE que se aplican a tu producto. Estas normativas pueden variar según el tipo de producto (por ejemplo, maquinaria, productos electrónicos, productos médicos, etc.). Asegúrese de conocer y comprender completamente estos requisitos.
- **Establecimiento de un sistema de gestión de la calidad.** Implementa un sistema de gestión de la calidad en tu fábrica. A menudo, las normas ISO 9001 son un buen punto de partida. Esto implica documentar procesos, llevar a cabo registros y asegurarse de que se sigan procedimientos consistentes para la fabricación y control de calidad.
- **Evaluación de riesgos.** Lleva a cabo una evaluación de riesgos para identificar y abordar posibles peligros y riesgos asociados con su producto. Esto es especialmente importante para productos que pueden representar un riesgo para la seguridad o la salud.
- **Pruebas y ensayos.** Realice pruebas y ensayos necesarios para demostrar la conformidad de su producto con las regulaciones de la UE. Esto puede incluir pruebas de seguridad, pruebas de emisiones, pruebas de compatibilidad electromagnética, etc.
- **Control de proveedores.** Asegúrese de que los materiales y componentes utilizados en la fabricación de su producto cumplan con los estándares requeridos. Esto implica evaluar y controlar a tus proveedores.
- **Documentación.** Mantén registros detallados de todos los procesos de producción, pruebas y evaluaciones de conformidad. Esta documentación es esencial para demostrar el cumplimiento de las normativas.
- **Marcado CE.** Cuando tu producto cumple con los requisitos, puedes aplicar el marcado CE de acuerdo con las directivas y regulaciones específicas. Asegúrese de que el marcado CE sea correcto y legible.
- **Declaración de conformidad.** Prepare una declaración de conformidad que documente que su producto cumple con los requisitos aplicables. Esta debe estar disponible para las autoridades de supervisión.
- **Auditoría y supervisión.** Las autoridades de la UE pueden llevar a cabo auditorías y evaluaciones periódicas para garantizar el cumplimiento continuo de las regulaciones. Colabora con estas evaluaciones y mantén un proceso de mejora continua en tu fábrica.

9. Control de calidad en obra: recepción de materiales

☞ HILO CONDUCTOR

Juan y su equipo están acostumbrados a trabajar en obras de todo tipo y por eso saben que es muy importante hacer una adecuada recepción de materiales en obra. No sería la primera vez que algún fabricante de productos prefabricados, como tableros, les envía un lote en mal estado. Siempre hay que seguir el protocolo de recepción de materiales en obra para no tener que asumir nuevos costes y pérdidas de tiempo.

- -

El control de calidad en la recepción de materiales es una parte crítica de la gestión de proyectos de construcción. Garantizar que los materiales cumplan con los estándares y especificaciones es esencial para la integridad estructural y la calidad general de la obra. A continuación, se presentan algunos pasos y consideraciones importantes para el control de calidad en la recepción de materiales en obras de construcción:

- **Especificaciones y requisitos.** Antes de recibir cualquier material, es importante tener especificaciones claras y requisitos técnicos detallados. Estos deben estar disponibles en los documentos del proyecto, como planos y especificaciones técnicas.
- **Proveedor y suministro.** Asegúrate de que el material provenga de un proveedor confiable y cumpla con las normativas y estándares de calidad aplicables. Esto implica verificar la reputación del proveedor y la conformidad del material con las normativas locales e internacionales.
- **Inspección visual.** Realiza una inspección visual de los materiales en el momento de la entrega. Verifica que no haya daños evidentes, defectos visibles o contaminación. Esto es especialmente importante para materiales como el acero, el hormigón, la madera y otros que pueden verse afectados por la humedad, la corrosión u otros problemas.
- **Documentación y etiquetado.** Verifica que los materiales estén correctamente etiquetados y documentados con información relevante, como número de lote, fecha de fabricación, certificados de calidad y conformidad con los estándares.
- **Muestreo y pruebas.** En muchos casos, es necesario tomar muestras de los materiales y realizar pruebas de laboratorio para verificar su cumplimiento con las especificaciones. Esto es especialmente relevante para materiales como el hormigón, el asfalto, el acero estructural, etc.

⬭ **Almacenamiento adecuado.** Asegúrate de que los materiales se almacenan de manera adecuada y se protejan de condiciones ambientales adversas que puedan afectar su calidad. Por ejemplo, el acero debe protegerse contra la corrosión y el hormigón debe protegerse de la exposición excesiva a la humedad.

⬭ **Registro de recepción.** Lleva un registro detallado de la recepción de materiales, incluyendo la cantidad recibida, la fecha de recepción, los números de lote y cualquier problema o discrepancia identificada.

⬭ **Rechazo de materiales.** Si se descubre que un lote de material no cumple con las especificaciones o está dañado, debe rechazarse y devolverse al proveedor. Documenta claramente las razones del rechazo.

⬭ **Comunicación.** Es importante mantener una comunicación efectiva con el equipo de proyecto y el proveedor. Cualquier problema o discrepancia debe notificarse de inmediato para tomar medidas correctivas.

⬭ **Auditoría y control continuo.** Realiza auditorías periódicas de control de calidad a lo largo de la obra para asegurarte de que los materiales se utilicen de acuerdo con las especificaciones y requisitos del proyecto.

El control de calidad en la recepción de materiales es esencial para evitar problemas costosos y retrasos en la obra. Cumplir con los estándares y especificaciones desde el principio garantizará la seguridad y la calidad de la construcción.

ACTIVIDAD COMPLEMENTARIA

12. Haz una búsqueda en fuentes externas de, al menos, tres empresas que se dediquen a implementar los certificados y ensayos necesarios para la obtención del marcado CE.

10. Resumen

El marcado CE es un requisito para productos que se comercializan en la Unión Europea, indicando que cumplen con las regulaciones de seguridad y calidad. Implica la conformidad con normativas específicas y la realización de pruebas, ensayos y verificaciones. Este proceso es esencial para garantizar la seguridad y calidad de los productos, cumplir con los estándares legales y proteger la reputación de la empresa en el mercado europeo.

El marcado CE *(Conformité Européenne)* conlleva una serie de implicaciones a nivel global. En primer lugar, establece estándares de seguridad y calidad para los productos que se comercializan en la Unión Europea. Esto tiene un impacto global, ya que las empresas de todo el mundo que deseen acceder a este mercado deben ajustar sus productos y procesos de fabricación para cumplir con dichos estándares. Esta adaptación a las normativas europeas no solo es un requisito para la entrada al mercado de la UE, sino que también fomenta la conformidad global con estas regulaciones.

Marcado CE
- Disposiciones legales
- Especificaciones técnicas
- Alcance del maracdo CE
- Normas armonizadas para los productos de madera
- Sistemas de evaluación de conformidad
- Control de producción en fábrica

Ejercicios de autoevaluación
Unidad de Aprendizaje 12

1. **Indica si la siguiente oración es verdadera o falsa: "El Marcado CE garantiza la calidad y durabilidad de un producto".**

   ■ Verdadero
   ■ Falso

2. **¿Qué directiva impulsó el Marco Comunitario para el Marcado CE?**

   a. Directiva 2005/20/CE
   b. Directiva 93/68/CEE
   c. Directiva 89/106/CEE
   d. Directiva 87/404/CEE

3. **Indica si la siguiente oración es verdadera o falsa: "Después del Brexit, el marcado CE sigue siendo válido para productos vendidos en el Reino Unido".**

   ■ Verdadero
   ■ Falso

4. **¿Cuál es el propósito principal del marcado CE?**

   a. Indicar la calidad del producto.
   b. Facilitar la libre circulación de productos en el mercado único europeo.
   c. Garantizar la durabilidad de los productos.
   d. Fomentar la competitividad de las empresas en el mercado global.

5. **El Marcado CE _____ permanente.**

   a. sí es
   b. no es
   c. puede ser
   d. siempre es

6. ¿Qué tipo de evaluación de conformidad es necesaria para productos de mayor riesgo?

    a. Autoevaluación
    b. Evaluación interna de calidad
    c. Evaluación de tipo
    d. Evaluación del sistema de calidad del fabricante

7. Indica si la siguiente oración es verdadera o falsa: "Los fabricantes pueden aplicar el marcado CE a productos de construcción sin seguir normas técnicas armonizadas".

    ■ Verdadero
    ■ Falso

8. ¿Qué regulación se encarga de prevenir la comercialización de madera ilegal en la Unión Europea?

    a. Reglamento (UE) 765/2008
    b. Reglamento (UE) 305/2011
    c. Reglamento de la Madera (Reglamento de la UE 995/2010)
    d. Reglamento (CE) 2005/20

9. ¿Qué implica la evaluación de la conformidad de terceros en el proceso del Marcado CE?

    a. Los productos se evalúan automáticamente como conformes.
    b. Un organismo independiente verifica la conformidad del producto.
    c. Los fabricantes no necesitan someterse a una evaluación.
    d. Los importadores son los responsables de la evaluación.

10. ¿Qué debe hacer un fabricante si un lote de material no cumple con las especificaciones en la recepción de materiales?

    a. Utilizarlo de todos modos en la construcción.
    b. Registrar el problema, pero no notificarlo al proveedor.
    c. Rechazar y devolver el lote al proveedor.
    d. Ocultar el problema y continuar la obra.

Glosario

Anisotropía
Variación de las propiedades mecánicas de la madera según la dirección en la que se aplica la carga, siendo más fuerte a lo largo de las fibras.

Atención al cliente
Proporcionar información, asistencia y soluciones a las necesidades y consultas de los clientes.

Biodiversidad
Variedad de vida en un ecosistema.

Biomasa
Materia orgánica de origen biológico que se utiliza como fuente de energía.

Carcomas
Nombre común que se le da a varios tipos de insectos xilófagos, es decir, insectos que se alimentan de la madera.

Celulosa
Uno de los componentes principales de la madera. Es una sustancia orgánica que forma parte de su estructura.

Certificación forestal
Certificado que verifica que la madera proviene de bosques gestionados de manera sostenible.

Contrato de venta
Documento que establece los términos y condiciones específicos de una venta.

Declaración de conformidad (DoC)
Documento que informa a los usuarios de que un producto cumple con las directivas pertinentes.

Decoloración UV
Decoloración de un material debido a la exposición prolongada a la luz solar directa.

Desarrollo sostenible
Concepto que busca equilibrar el crecimiento económico con la protección del medioambiente.

Durabilidad
La capacidad de un material para resistir la manipulación y el deterioro.

Dureza
Propiedad física de un material que mide su resistencia a ser deformado, rayado o penetrado.

Elasticidad
Capacidad de un material o sustancia para deformarse cuando se aplica una fuerza sobre él y, al eliminar la fuerza, regresar a su forma original o dimensiones iniciales.

Estrategia comercial
Plan que establece cómo se alcanzan los objetivos comerciales de una empresa.

Factura
Documento legal emitido después de la venta que incluye información detallada sobre los productos o servicios vendidos.

Flotabilidad
Propiedad física que se refiere a la capacidad de un objeto o sustancia para flotar en un fluido como agua o aire.

Gestión Forestal Sostenible (GFS)
Enfoque que busca equilibrar la explotación de los recursos forestales con la conservación a largo plazo de los bosques y la biodiversidad.

Higroscopicidad
Capacidad de la madera para absorber y liberar humedad del ambiente.

Hongos de la madera
Organismos microscópicos que pueden descomponer la madera y causar daños significativos.

Insectos xilófagos
Organismos que se alimentan de la madera, ya sea consumiendo la celulosa o la lignina.

ISO 9001
Norma internacional que establece requisitos para sistemas de gestión de calidad.

Junta
Unión o conexión entre dos elementos.

Lacado
Proceso de acabado con laca utilizado en la industria de la carpintería.

Lignina
Sustancia que proporciona rigidez y resistencia a la madera.

Madera laminada
Producto derivado de la madera que se obtiene al unir varias piezas de madera mediante adhesivos para formar vigas o paneles de mayor tamaño y resistencia.

Madera tratada
Madera que se trata con productos químicos para resistir las inclemencias meteorológicas y el ataque de insectos y hongos.

Marcado CE
Símbolo que indica el cumplimiento de un producto con los estándares de seguridad, salud y medioambiente requeridos en el Espacio Económico Europeo (EEE).

Normas UNE
Conjunto de estándares técnicos desarrollados por el organismo español de normalización.

Normativa ISO
Conjunto de estándares técnicos internacionales que establecen especificaciones y directrices para una amplia variedad de productos.

Orden de compra
Documento emitido por el comprador que detalla los productos o servicios que desea adquirir.

Plan de *marketing*
Plan detallado que describe las tácticas y actividades específicas para ejecutar la estrategia comercial.

Presupuesto
Plan financiero detallado que refleja los ingresos y gastos estimados para un período determinado de tiempo.

Recursos forestales
Los recursos naturales relacionados con los bosques, como la madera y los productos no madereros.

Silvicultura
Ciencia y arte de cultivar y gestionar bosques de manera sostenible.

Sostenibilidad
Prácticas que aseguran el uso responsable de los recursos naturales y la protección del medioambiente a largo plazo.

Tableros de partículas
Paneles hechos a partir de partículas de madera aglutinadas con resinas y prensados.

Termitas
Insectos muy destructivos que se alimentan de la celulosa de la madera y el papel.

Trazabilidad
Capacidad de rastrear el origen y el recorrido de un producto a lo largo de la cadena de suministro.

Bibliografía

Monografías

→ *Calidad y Certificación en el Comercio y la Industria de la Madera*. Guía básica. AEIM. Asociación Española del Comercio e Industria de la Madera, 2020.

> Esta guía es perfecta para conocer todas las normativas y certificaciones necesarias de la madera desde su origen hasta el producto final.

→ RIES, A. y TROUT, J.: *Las 22 leyes inmutables del marketing*. Madrid: McGraw-Hill, 2001.

> Lectura amena y sencilla para iniciarte en el mundo del *marketing*.

Textos electrónicos, bases de datos y programas informáticos

→ El mercado maderero mundial, de:
<https://www.ipaulownia.com/es/el-mercado-maderero/>.

> En este artículo se explica, de manera clara y con gráficos, el aumento de la demanda mundial de madera y plantea alguna solución viable.

→ La legalidad de la comercialización de madera y productos de la madera en España, de:
<https://www.miteco.gob.es/es/biodiversidad/temas/internacional-especies-madera/madera-legal.html>.

> Interesante artículo del Ministerio para la Transición Ecológica y el Reto Demográfico sobre la problemática de la madera ilegal. Con enlaces a información detallada acerca de los reglamentos FLEGT, EUTR y Lignum Data.

→ La madera como material de construcción de viviendas: ¿cuáles son sus beneficios?, de:
<https://blogs.iadb.org/ciudades-sostenibles/es/la-madera-como-material-de-construccion-de-viviendas-cuales-son-sus-beneficios/>.

> Este artículo explica la tendencia creciente de la construcción de edificios de madera y plantea una posible solución a la misma.